Au Corbeau,
au Renard,
à la Cigale,
à la Fourmi,
au Lièvre,
à la Tortue,
au Loup,
à l'Agneau,
au Chêne,
au Roseau
et à toute
leur drôle de bande !

QUELQUES MOTS POUR COMMENCER

Jean de la Fontaine est un poète, sans doute un des plus grands de l'histoire du monde et à ce titre, comme disait Aragon, il a toujours raison puisqu'il voit plus haut que l'horizon. Même et surtout quand elles ont été durement apprises à l'école, ses fables sont solidement installées dans notre mémoire comme si elles avaient été gravées dans le marbre de nos neurones. Quelle que soit leur tournure d'esprit – manuelle, intellectuelle, scientifique, artistique –, rares sont les Français et encore moins les Francophones qui ignorent le corbeau et le renard, la cigale et la fourmi, le loup et l'agneau, le lièvre et la tortue, Perrette et son pot au lait.

Comment expliquer un tel marquage de notre esprit par d'aussi infimes morceaux de littérature ? Par quelle magie cette imprégnation se met-elle en place ? Contiendrait-elle les germes d'une vérité universelle ?

Et pourtant !

Comment croire un instant que Jean de la Fontaine, cet homme des salons parisiens, ce coureur de pensions,

27, rue des Grands-Augustins. 75006 Paris

ISBN : 978-235490-322-0

Site internet des éditions du Relié : http://www.editions-du-relie.com

Dr Patrick Lemoine

LA TORTUE COURT PLUS VITE QUE LE LIÈVRE, ETC.

Jean de la Fontaine a-t-il raison ?

le Relié

Les dessins de la tortue
et du lièvre sont de
Frédéric Leclerre

ce serial séducteur de marquises, princesses et autres généreuses duchesses, ce familier des palais plus que des forêts, ce distingué dilettante, ait pu énoncer des vérités zoologiques profondes, lui qui prêtait à la cigale, un insecte à la fois diurne et végétarien des mœurs nocturnes « nuit et jour à tout venant » et un appétit carnivore « pas un seul petit morceau de mouche ou de vermisseau » ? Quand le rat ronge les rets dans lesquels le lion était piégé, il n'a pas tort en expliquant « que l'on a souvent besoin d'un plus petit que soi », mais est-ce vraiment de l'éthologie ? Est-il concevable qu'une proie comme ce tout petit rongeur puisse venir en aide à un grand prédateur comme le lion ?

Certes non ! Ou alors...

Si, quand il affirme « je me sers d'animaux pour instruire les hommes », il semble faire fi de toute prétention zoologique et qu'il en rajoute même en écrivant :

Ces Fables ne semblent pas ce qu'elles semblent être.
Le plus simple Animal nous y tient lieu de Maître.
Une morale nue apporte de l'ennui ;
Le conte fait passer le précepte avec lui.
En ces sortes de feintes il faut instruire et plaire.

La cause semble entendue, il ne s'agirait dans cette œuvre que d'éduquer en amusant le lecteur et en particulier les enfants. D'ailleurs, n'oublions pas que le premier recueil était destiné à divertir le petit dauphin de France. Seulement, il se trouve qu'un paramètre pourtant essentiel ne doit pas être négligé, à savoir que La Fontaine est un génie et qu'à ce titre, son œuvre est truffée de fulgurances, d'intuitions, de révélations dont certaines sont incroyablement exactes... même pour des éthologues.

Il serait temps qu'enfin, on se penchât sur son œuvre en chaussant des lunettes un peu scientifiques afin de décider, fable après fable, si le grand Jean était dans le vrai... ou pas ! La tortue court-elle réellement plus efficacement que le lièvre ? Le loup passe-t-il le plus clair de son temps à dévorer les agneaux ? Le renard est-il capable d'abuser le corbeau en lui mentant pour le flatter et ce dernier aime-t-il vraiment le fromage ? Les pigeons sont-ils capables d'adopter une orientation homosexuelle ?

Et tant d'autres passionnantes questions soulevées par notre fabuleux fabuliste !

LA TORTUE COURT PLUS VITE QUE LE LIÈVRE, ETC.

Qu'est-ce que le cerveau humain,
sinon un palimpseste
immense et naturel ?
Mon cerveau est un palimpseste
et le vôtre aussi, lecteur.
Des couches innombrables d'idées,
d'images, de sentiments sont tombées
successivement sur votre cerveau,
aussi doucement que la lumière.
Il a semblé que chacune ensevelissait
la précédente.
Mais aucune en réalité n'a péri.

CHARLES BAUDELAIRE

Le Renard

Compère le Renard se mit un jour en frais,
et retint à dîner commère la Cigogne.
Le régal fut petit et sans beaucoup d'apprêts :
Le galant pour toute besogne
Avait un brouet clair ; il vivait chichement.
Ce brouet fut par lui servi sur une assiette :
La Cigogne au long bec n'en put attraper miette ;
Et le drôle eut lapé le tout en un moment.
Pour se venger de cette tromperie,
À quelque temps de là, la Cigogne le prie.
« Volontiers, lui dit-il ; car avec mes amis
Je ne fais point cérémonie. »
À l'heure dite, il courut au logis
De la Cigogne son hôtesse ;
Loua très fort la politesse ;
Trouva le dîner cuit à point :
Bon appétit surtout ; Renards n'en manquent point.
Il se réjouissait à l'odeur de la viande
Mise en menus morceaux, et qu'il croyait friande.
On servit, pour l'embarrasser,
En un vase à long col et d'étroite embouchure.
Le bec de la Cigogne y pouvait bien passer ;

et la Cigogne

Mais le museau du sire était d'autre mesure.
Il lui fallut à jeun retourner au logis,
Honteux comme un Renard qu'une Poule aurait pris,
Serrant la queue, et portant bas l'oreille.
Trompeurs, c'est pour vous que j'écris :
Attendez-vous à la pareille.

La question posée par notre poète est simple : les animaux sont-ils capables de cuisiner ?

Quand on observe un troupeau de vaches en train de paître ou un chat dévorer une souris, la réponse qui vient automatiquement à l'esprit est certes non.

Et pourtant !

Les grands incendies qui ont ravagé l'Australie en 2021 ont permis d'observer des rapaces en train de se régaler de tendres proies cuites juste à point et – peut-être même – d'en larguer quelques-unes sur les braises afin de les déguster *al dente* ou plutôt, *al becco*. Déjà, le comportement des pigeons à la gare de Lyon au temps des locomotives à vapeur avait permis de constater qu'ils attendaient impatiemment l'arrivée des convois afin de picorer les insectes rôtis à l'avant de la machine ; mais c'est avant tout l'histoire des macaques laveurs de patates qui a défrayé la chronique éthologique dans les années cinquante et qui continue aujourd'hui à passionner les scientifiques.

L'histoire se passe au Japon, sur l'île de Kōshima dédiée à l'observation d'un groupe de primates joliment nommés *Macaca fusata*. Les ressources alimentaires étant insuffisantes pour nourrir tous les singes, les scientifiques prirent l'habitude de jeter sur la plage de la nourriture, notamment des patates douces dont ils raffolent. Nos cousins sont comme nous, ils n'apprécient guère que des grains de sable crissent sous la dent quand ils dégustent.

Un beau jour, une jeune femelle nommée Imo a laissé échapper sa patate dans l'onde pure d'une claire fontaine. Magiquement, quand elle récupéra son légume, elle constata que l'opération avait éliminé tout le sable. Elle prit l'habitude de préparer ainsi ses repas sous l'œil intéressé des jeunes également non dominants et sous le regard réprobateur des vieux dominant(e)s. Les gamins se mirent à l'imiter et elle enseigna la technique à ses enfants. Les années passèrent et le comportement de la troupe d'une soixantaine de singes évolua progressivement : au bout de trois ans, 11 animaux lavaient ; au bout de six ans, ils étaient 17 et en neuf ans, ils étaient passés à 36. Étonnamment, ils modifièrent leur manière de préparer leur nourriture en la lavant à l'eau de mer et même en la trempant entre chaque bouchée, réinventant le sucré/salé de la cuisine japonaise ! Finalement toute la population de l'île s'est mise à laver ses patates douces dans la mer.

Les scientifiques, de manière à étudier comment cette culture culinaire se répandait dans le groupe ont commencé à jeter des poignées de riz sur le sable et, progressivement encore, les gourmets quadrumanes ont pris l'habitude de jeter les graines dans l'eau, ayant observé que le sable coule et les grains flottent, effectuant un véritable tamisage. De plus, selon les familles, différentes techniques étaient utilisées : les unes jetant toute une poignée mélangée dans la mer et les autres ramassant les grains un à un pour les picorer façon apéritif...

Aux dernières nouvelles, le guide *Michelin* envisage d'attribuer une étoile à la guenon Imo !

Chose amusante, alors que de manière générale les singes n'aiment guère l'eau, les petits accrochés au ventre de leur mère laveuse de patates ont progressivement appris à accepter d'être mouillés, puis petit à petit à sauter dans l'eau, s'éclabousser, jouer comme n'importe quels gamins humains !

La Fontaine a donc raison, les animaux cuisinent bel et bien ! En revanche, en ce qui concerne les cigognes et les renards... il a tort.

La Colombe

Le long d'un clair ruisseau buvait une Colombe,
Quand sur l'eau se penchant une Fourmi y tombe ;
Et dans cet océan l'on eût vu la Fourmi
S'efforcer, mais en vain, de regagner la rive.
La Colombe aussitôt usa de charité ;
Un brin d'herbe dans l'eau par elle étant jeté,
Ce fut un promontoire où la Fourmi arrive.
Elle se sauve ; et là-dessus
Passe un certain Croquant qui marchait les pieds nus.
Ce Croquant par hasard avait une arbalète.
Dès qu'il voit l'Oiseau de Vénus,
Il le croit en son pot, et déjà lui fait fête.
Tandis qu'à le tuer mon villageois s'apprête,
La Fourmi le pique au talon.
Le Vilain retourne la tête.
La Colombe l'entend, part, et tire de long.
Le soupé du Croquant avec elle s'envole :
Point de Pigeon pour une obole.

La collaboration entre espèces est un comportement très souvent observé. En particulier pour faire front commun contre les prédateurs.

C'est dans la savane africaine, là où en permanence rôde le danger, que les gentils, les inoffensifs herbivores ont développé les stratégies d'entraide les plus efficaces.

et la Fourmi

Observons par exemple un groupe où sont rassemblés des rhinocéros, des zèbres, des gnous, des gazelles.

Regardons encore de plus près et constatons que sur le dos des mammifères sont perchés un grand nombre d'oiseaux, en particulier des hérons garde-bœufs, des pique-bœufs à bec rouge ; ils se nourrissent des nombreux parasites et insectes qui infestent la fourrure de leurs hôtes et qui de plus s'envolent à la moindre alerte. Les zèbres, pour leur part, sont très appréciés par leurs collègues environnants car ils sont assez grands et ont une excellente vue quasiment à 360 degrés et eux aussi donnent l'alerte eux gazelles trop petites pour voir par-dessus les hautes herbes. Bref, il existe toute une société d'entraide mutuelle dans les grandes plaines du continent noir.

Sans aller si loin et pour se rapprocher un peu plus de l'univers de La Fontaine, il suffit de faire un tour dans la forêt d'Europe. Au bout de trois pas à peine, un cri d'alerte particulièrement sonore peut être entendu. C'est en général le geai des chênes qui prévient toute la contrée de votre présence… et chacun, lapin, écureuil, rouge-gorge, troglodyte mignon, renard, chevreuil, de se dissimuler, ce qui explique que l'on voit si peu d'hôtes de ces bois quand on va cueillir des champignons ou conter fleurette.

Inutile de discuter plus avant, La Fontaine a raison dans cette fable.

De la peau du Lion l'Âne s'étant vêtu
Était craint partout à la ronde,
Et bien qu'animal sans vertu,
Il faisait trembler tout le monde.
Un petit bout d'oreille échappé par malheur
Découvrit la fourbe et l'erreur.
Martin fit alors son office.
Ceux qui ne savaient pas la ruse et la malice
S'étonnaient de voir que Martin
Chassât les Lions au moulin.
Force gens font du bruit en France
Par qui cet apologue est rendu familier.
Un équipage cavalier
Fait les trois quarts de leur vaillance.

La question posée par La Fontaine est simple : les animaux sont-ils réellement capables de prendre l'apparence d'un animal plus dangereux qu'eux afin d'effrayer leurs prédateurs ?

Les exemples foisonnent d'animaux vulnérables revêtant le look de bêtes effrayantes. Ainsi, certains papillons de nuit sont ornés de jolis ocelles invisibles lorsqu'ils sont posés. Mais si une menace se profile à l'horizon ou même plus près, ils ouvrent les ailes et l'assaillant se trouve brutalement confronté à une paire d'yeux ressemblant furieusement à ceux d'un hibou grand-duc, volatile peu réputé pour la douceur de son caractère. Le temps que le chat ou la chouette ou la chauve-souris se remette de sa surprise et notre imposteur est déjà loin. De même, il existe une petite mouche sans défense nommée syrphe qui a trouvé moyen de s'offrir une jolie robe de guêpe (mais sans la fameuse taille !). Inutile d'expliquer la suite. De même, l'*Atticus atlas*, papillon cobra pour les intimes, un des plus grands lépidoptères du monde (30 cm d'envergure) pousse la coquetterie jusqu'à dessiner une tête de serpent sur ses ailes et lorsqu'il se sent attaqué, se jette sur le sol où il se tortille, simulant les mouvements du mortel naja. Impressionnant, non ?

Certaines lucioles meurtrières émettent la même cadence de lumière que des collègues inoffensives d'une espèce proche ; ainsi elles attirent des mâles qui pensent avoir affaire à des femelles sexuellement accueillantes et... je vous ferai grâce des sanglants détails qui confinent au cannibalisme. Les reptiles ne sont pas en reste et pour s'en convaincre il suffit d'observer l'extraordinaire ressemblance entre l'inoffensive couleuvre faux corail et le serpent corail dont le venin est un des plus toxiques au monde.

Certains poissons vont encore plus loin dans l'abus de confiance comme par exemple ceux qui ont des yeux dessinés près de leur queue, ce qui fait qu'en cas d'attaque, ils partent dans le sens inverse de celui attendu. La baudroie abyssale agite un petit filament terminé par une excroissance ressemblant à une petite proie qui se tortille à quelques centimètres de sa gueule.

Le poisson abusé se rapproche de cette espèce d'asticot appétissant et se fait happer en un instant.

Certains bernard-l'hermite imitent l'âne de la fable mais mieux et en deux fois plus efficace, car s'ils se couvrent d'un autre animal féroce, ils le gardent vivant. C'est ainsi qu'ils installent sur leur coquille, elle-même empruntée comme protection solide, une anémone bien venimeuse qu'ils trimbalent lors de leurs pérégrinations et qui les garantissent contre toute agression.

Il arrive aussi que le déguisement prenne des allures plus – comment dire ? –, plus sympathiques, disons même grivoises. C'est ainsi qu'une certaine seiche se la joue transgenre. Lorsqu'elle tombe sur un mâle et une femelle en pleine parade nuptiale, elle s'interpose entre les deux amoureux et adopte simultanément une livrée de mâle pour la moitié de son corps face à la femelle et une apparence de femelle face au mâle. Ainsi elle peut abuser la femelle en prenant la place du mâle. D'autres seiches masculines moins musclées que leurs rivaux jouent carrément les travelos, prenant l'apparence de filles pour se faufiler entre les gros malabars et approcher sournoisement leurs cibles. Malheureusement pour eux/elles (?), il arrive que leur déguisement soit si convaincant que lesdits mâles costauds en tombent amoureux et se jettent sur elles/eux pour tenter de s'accoupler, rejouant à leur manière l'histoire de l'arroseur arrosé... Oups ! Pardon pour cette grivoiserie !

 **La Fontaine a donc mille fois raison.**

Le lièvre

Rien ne sert de courir ; il faut partir à point.
Le Lièvre et la Tortue en sont un témoignage.
Gageons, dit celle-ci, que vous n'atteindrez point
Si tôt que moi ce but. Si tôt ? Êtes-vous sage ?
Repartit l'animal léger.
Ma commère, il vous faut purger
Avec quatre grains d'ellébore.
Sage ou non, je parie encore.
Ainsi fut fait : et de tous deux
On mit près du but les enjeux.
Savoir quoi, ce n'est pas l'affaire ;
Ni de quel juge l'on convint.
Notre Lièvre n'avait que quatre pas à faire ;
J'entends de ceux qu'il fait
lorsque prêt d'être atteint, il s'éloigne des chiens,
Les renvoie aux calendes,
Et leur fait arpenter les landes.
Ayant, dis-je, du temps de reste pour brouter
Pour dormir, et pour écouter

et la Tortue

D'où vient le vent, il laisse la Tortue
Aller son train de Sénateur.
Elle part, elle s'évertue ;
Elle se hâte avec lenteur.
Lui cependant méprise une telle victoire,
Tient lwa gageure à peu de gloire ;
Croit qu'il y va de son honneur
De partir tard. Il broute, il se repose,
Il s'amuse à toute autre chose
Qu'à la gageure. À la fin, quand il vit
Que l'autre touchait presque au bout de la carrière,
Il partit comme un trait ;
Mais les élans qu'il fit furent vains :
La Tortue arriva la première.
Eh bien, lui cria-t-elle, avais-je pas raison ?
De quoi vous sert votre vitesse ?
Moi l'emporter ! et que serait-ce
Si vous portiez une maison ?

La question posée est : la tortue est-elle capable de courir une distance suffisante pour battre le lièvre quand celui-ci glande au lieu de foncer ?

La réponse repose forcément sur l'arithmétique.

La vitesse de déplacement d'une tortue terrestre atteint environ 250 mètres à l'heure, au mieux. Il lui faut donc quatre heures pour parcourir un kilomètre, et vingt-quatre heures pour parcourir au maximum six kilomètres tout en sachant que les tortues sont des flâneuses et qu'il leur faut de sérieuses motivations, amour, nourriture, pour parcourir trois kilomètres.

Toute la discussion repose donc sur la distance que les deux animaux doivent parcourir.

La seule indication fournie par le texte est : « Notre Lièvre n'avait que quatre pas à faire ». Or, au maximum, quand il est pourchassé, le lièvre peut faire des sauts de trois à quatre mètres, ce qui nous ferait une course sur une distance de seize mètres au maximum.

La tortue est donc parfaitement en mesure de les parcourir en très peu de temps, à savoir 3,84 minutes. Par conséquent, si on prend la fable au pied de la lettre, la tortue est tout à fait capable de parcourir la distance convenue en peu de temps.

En revanche, si le mot « quatre pas », est une métaphore, la question devient impossible à résoudre tout au moins sur le plan mathématique...

 **En conclusion, puisque nous devons strictement nous en tenir au texte, La Fontaine a raison. CQFD.**

Le Chat, la Belette

Du palais d'un jeune Lapin
Dame Belette, un beau matin,
S'empara : c'est une rusée.
Le maître étant absent, ce lui fut chose aisée.
Elle porta chez lui ses pénates, un jour
Qu'il était allé faire à l'aurore sa cour,
Parmi le thym et la rosée.
Après qu'il eut brouté, trotté, fait tous ses tours,
Jeannot Lapin retourne aux souterrains séjours.
La Belette avait mis le nez à la fenêtre.
« Ô Dieux hospitaliers ! Que vois-je ici paraître ?
Dit l'animal chassé du paternel logis.
Holà ! Madame la Belette,
Que l'on déloge sans trompette,
Ou je vais avertir tous les rats du pays. »
La dame au nez pointu répondit que la terre
Était au premier occupant.
C'était un beau sujet de guerre
Qu'un logis où lui-même il n'entrait qu'en rampant !
« Et quand ce serait un royaume,
Je voudrais bien savoir, dit-elle, quelle loi
En a pour toujours fait l'octroi
À Jean, fils ou neveu de Pierre ou de Guillaume,
Plutôt qu'à Paul, plutôt qu'à moi. »

Jean Lapin allégua la coutume et l'usage.
« Ce sont, dit-il, leurs lois qui m'ont de ce logis
Rendu maître et seigneur, et qui, de père en fils,
L'ont de Pierre à Simon, puis à moi Jean, transmis.
Le premier occupant, est-ce une loi plus sage ?
« Or bien, sans crier davantage,
Rapportons-nous, dit-elle, à Raminagrobis. »
C'était un Chat vivant comme un dévot ermite,
Un Chat faisant la chattemite,
Un saint homme de chat, bien fourré, gros et gras,
Arbitre expert sur tous les cas.
Jean Lapin pour juge l'agrée.
Les voilà tous deux arrivés
Devant sa majesté fourrée.
Grippeminaud leur dit : « Mes enfants, approchez,
Approchez, je suis sourd, les ans en sont la cause. »
L'un et l'autre approcha, ne craignant nulle chose.
Aussitôt qu'à portée il vit les contestants,
Grippeminaud, le bon apôtre,
Jetant des deux côtés la griffe en même temps,
Mit les plaideurs d'accord en croquant l'un et l'autre.
Ceci ressemble fort aux débats qu'ont parfois
Les petits souverains se rapportant aux rois.

La question posée est celle du droit de la propriété chez l'animal.

Existe-t-il des règles établies et admises par tous qui assurent à un propriétaire d'un territoire qu'il sera respecté dans ses droits ? Il vous suffit de promener votre chien le long d'une rangée de réverbères pour vous convaincre du contraire, car si Médor marque consciencieusement son territoire tous les cinquante mètres, cela n'empêche en rien les autres cabots d'en faire autant aux mêmes endroits.

Les droits de votre chien ne sont donc aucunement respectés par ses congénères. Toutefois, cette observation doit être tempérée par le fait que le chien en milieu urbain n'est pas maître de ses déplacements et que, dans ces conditions, ses parcours n'englobent pas forcément la même zone jour après jour ; de plus, la surpopulation canine est telle et les trajets tellement entrecroisés que la carte olfactive est entièrement brouillée et que le marquage des frontières devient inopérant. Pourtant, si l'on regarde ce qui se passe quand Médor est vraiment chez lui, dans son jardin ou même son appartement, et si l'on introduit un autre chien, un rival, il pourra bien souvent faire valoir ses titres de propriété. À coups de crocs.

Enfin, si l'on observe l'ancêtre du chien, c'est-à-dire le loup, dans son habitat naturel, les choses sont radicalement différentes. L'unité territoriale appartient à la meute, pas à l'individu. Chacune se taille un territoire et passe énormément de temps à le patrouiller et à en marquer olfactivement les frontières.

Si d'aventure un individu solitaire, voire une autre meute, se risque à l'intérieur de la propriété, la guerre est déclarée, mais pas une guerre stupide comme savent si bien faire les humains, une guerre codifiée avec des règles précises destinées à éviter les pertes. En effet, lors du combat, lorsqu'un des deux adversaires se sent en difficulté, il se couche sur le dos et présente sa gorge, envoyant un signal éthologique précis qui interrompt instantanément la bataille. Un cessez-le-feu sans jamais aucune violation. Il est exceptionnel qu'un loup perde la vie au cours d'un conflit avec un congénère.

Il ne faudrait pas déduire de ce qui précède que le droit de la propriété ne s'applique qu'aux animaux sociaux. Le tigre par exemple est un animal parfaitement solitaire et… territorial, qui lui aussi passe beaucoup de temps à marquer de son odeur les limites de son gigantesque royaume. Il en va de même pour les ours, autres grands solitaires, à l'exception des ours blancs qui n'ont pas de territoire précis, faute sans doute de réverbères à marquer ! Cette non territorialité est probablement liée au fait que leur population est extrêmement peu dense au regard des immensités arctiques et circumpolaires.

Quant aux oiseaux, qui pour la plupart vivent en couple une partie de l'année, leur territorialité ne s'exerce en général qu'à la belle saison, quand il s'agit de se réserver une zone pour nourrir les petits. Le rouge-gorge constitue une exception, car même en hiver, quand il est à nouveau solitaire, il continue à exercer ses droits de manière particulièrement agressive, voire mortelle.

Si vous installez une mangeoire sous vos fenêtres, vous ne verrez qu'un seul de ces oiseaux, alors que les autres espèces comme par exemple les mésanges, les pinsons ou les moineaux n'hésitent pas à venir en troupes. Cette espèce est la seule où en hiver les femelles se mettent à chanter pour marquer les limites sonores de leur territoire. Le sens de la propriété est tellement développé chez les rouges-gorges que si vous installez un individu pourtant dominant dans une cage et que vous le placez dans le territoire d'un concurrent, le malheureux incapable de s'enfuir risque fort de mourir d'une crise cardiaque.

Il ne faut pas s'imaginer que le sens de la propriété se limite aux animaux à sang chaud. Les insectes par exemple se taillent un territoire sonore grâce à leurs stridulations. Les poissons de corail et ceux proches du rivage sont également territoriaux, contrairement bien sûr aux pélagiques qui vivent dans le grand large.

La discussion en termes de droit notarial entre la belette et le petit lapin est donc fondée et **La Fontaine a ici raison.** Que se passerait-il si l'on considérait que Vladimir P. est une belette et Volodymyr Z. un petit lapin ? L'ONU serait-elle capable de se comporter en chat ?

Je laisse à chaque lecteur le loisir d'y réfléchir et de décider si c'est souhaitable ou non.

Merci à Maître Brice Lemoine, notaire, pour ses précieux conseils juridiques.

La Cigale

La Cigale, ayant chanté
Tout l'été,
Se trouva fort dépourvue
Quand la bise fut venue :
Pas un seul petit morceau
De mouche ou de vermisseau.
Elle alla crier famine
Chez la Fourmi sa voisine,
La priant de lui prêter
Quelque grain pour subsister
Jusqu'à la saison nouvelle.
« Je vous paierai, lui dit-elle,
Avant l'Oût, foi d'animal,
Intérêt et principal. »
La Fourmi n'est pas prêteuse :
C'est là son moindre défaut.
Que faisiez-vous au temps chaud ?
Dit-elle à cette emprunteuse.
– Nuit et jour à tout venant
Je chantais, ne vous déplaise.
– Vous chantiez ? j'en suis fort aise.
Eh bien ! dansez maintenant.

et la Fourmi

La fourmi ne serait pas prêteuse ? La fourmi est-elle vraiment aussi égoïste que le prétend notre poète ? Est-elle oui ou non capable de se préoccuper du sort des autres ?

Pour répondre à cette question qui met aussi gravement en cause la réputation de notre insecte social, penchons-nous sur son comportement intime et tout d'abord sur la structure de sa communauté, la fourmilière, car qui dit social, dit partage des ressources.

Examinons tout d'abord le comportement d'une simple ouvrière, en quelque sorte d'une prolétaire de la communauté. À première vue elle passe son temps à fourmiller, ce qui est la moindre des choses. Certaines s'aventurent un peu plus loin et reviennent au bercail le jabot rempli de nourriture qu'elles transmettent à leurs collègues et qui va servir à alimenter l'ensemble de la structure, de la reine aux soldates en passant par le couvain. Non seulement elle prête mais elle donne !

Enfin, ces animaux qui sont résolument myrmécophiles [1] communiquent entre eux grâce à de longs baisers sur la bouche, exactement comme nous (sauf que chez elles, cela n'existe qu'entre filles), au cours desquels est mis en place un phénomène appelé trophallaxie, car ce n'est pas que de la nourriture qui est transmise mais tout un ensemble de messages chimiques.

La Fontaine a donc tort... sauf que le constat est sans appel d'un point de vue moral, car elle ne donne qu'aux membres de sa propre communauté. La fourmi est donc parfaitement xénophobe, à tel point qu'elle est capable de faire la guerre à d'autres fourmis d'autres espèces, allant jusqu'au génocide ou alors à l'esclavage des fourmis étrangères et/ou inférieures en nombre ou en force. La fourmi apparaît dès lors comme un insecte politique profondément raciste et *in fine* d'extrême droite !

La Fontaine a donc raison quand il la décrit comme un animal peu sympathique, d'autant plus qu'à l'intérieur de sa communauté de travailleuses, s'il existe une solidarité alimentaire, ce mot n'a aucune signification quand il s'agit de venir en aide à une concitoyenne. Même si sa propre sœur est en train de se faire attaquer et démembrer par un ennemi comme un petit enfant armé d'une paire de ciseaux, il ne s'en trouvera pas une pour lever la patte afin de lui venir en aide.

Pire encore, plus une fourmi vieillit, plus on va l'envoyer au casse-pipe et lui confier des missions à risque, jusqu'au jour où elle va y laisser sa chitine[2] dans l'indifférence générale. Et le pire du pire est que près d'un tiers des membres de la société myrmécologique s'avère composé d'individus incompétents et paresseux, autrement dit de riches rentiers qui vivent sur le dos des classes prolétariennes, et tout ça sans la moindre idée de révolution. La fourmi est de droite !!!

Alors, me direz-vous, qu'en est-il du comportement de la cigale ? Est-elle plus prêteuse que la fourmi ? Son comportement est-il plus altruiste ? La Fontaine a-t-il raison d'en faire un animal sympathique ?

Certes, la cigale chante tout l'été, cette observation est incontestable… mais pourquoi stridule-t-elle, ou plutôt cymbalise-t-elle à tout venant, mais pas nuit et jour puisqu'elle a besoin de la chaleur du soleil (au moins 22° Celsius) pour s'exprimer ?

La réponse est claire : il s'agit simplement d'attirer les femelles grâce à une signature sonore. En d'autres termes, la cigale n'est pas plus altruiste que la fourmi et elle l'est même moins car le seul but de son fameux chant est de draguer ! Elle se fiche complètement de ceux qui comme nous se pâment d'aise en entendant son cri provençal.

Décidément, La Fontaine a tout faux dans cette fable !!!

Le Cerf se voyant

Dans le cristal d'une fontaine
Un Cerf se mirant autrefois
Louait la beauté de son bois,
Et ne pouvait qu'avec peine
Souffrir ses jambes de fuseaux,
Dont il voyait l'objet se perdre dans les eaux.
Quelle proportion de mes pieds à ma tête
Disait-il en voyant leur ombre avec douleur :
Des taillis les plus hauts mon front atteint le faîte ;
Mes pieds ne me font point d'honneur.
Tout en parlant de la sorte,
Un Limier le fait partir ;
Il tâche à se garantir ;
Dans les forêts il s'emporte.
Son bois, dommageable ornement,
L'arrêtant à chaque moment,
Nuit à l'office que lui rendent
Ses pieds, de qui ses jours dépendent.
Il se dédit alors, et maudit les présents
Que le Ciel lui fait tous les ans.
Nous faisons cas du Beau, nous méprisons l'Utile ;
Et le Beau souvent nous détruit.
Ce Cerf blâme ses pieds qui le rendent agile ;
Il estime un bois qui lui nuit.

dans l'eau

La question ici posée par le poète est celle de la capacité des animaux à reconnaître leur image dans un miroir.

Nous sommes en plein dans le mythe de Narcisse, ce fils de la nymphe bleue Liriopé, qui jamais ne devint vieux car, suivant la prédiction de Tirésias, « il se vit » en (re)connaissant son image. Il s'agit sans doute de la meilleure métaphore de l'émergence de l'humain en chacun de nous.

Mais pour une fois commençons par parler des humains et du stade du miroir tant aimé de Jacques Lacan, le fameux psychanalyste. Il décrit ce qu'il a appelé « l'assomption jubilatoire ».

L'infans[3] qui a entre 6 et 12 mois et, du fait d'une mauvaise coordination de ses gestes, maîtrise encore mal sa locomotion, est dans les bras de sa mère, face à une glace. Il voit le reflet de Maman, fait un geste, une grimace, et découvre ce drôle de petit être dans les bras d'une dame qui est le double de sa maman ? D'abord il ne comprend pas, jusqu'au moment où il réalise que c'est lui qui a le contrôle de ce double aperçu face à eux deux. Que s'il lève le bras ou sourit, il provoque la même chose chez l'Autre. Lorsqu'il a enfin compris que cet Autre c'est lui, il contrôle d'un bref regard la réaction de sa mère et, rassuré par son approbation souriante, il jubile d'être

Selon lui, c'est là qu'il constituerait son image idéale... Dommage qu'il ait oublié de citer le fils de Liriopé !

Plus tard peuvent se produire des distorsions entre celle-ci et la réalité, lesquelles entraînent parfois certaines maladies mentales. Ainsi, les jeunes filles anorexiques, alors même qu'elles ont atteint des maigreurs extrêmes, se voient dans le miroir comme obèses. Il me revient en mémoire une d'entre elles qui en arrivait à se voir tellement grosse qu'elle craignait de totalement envahir, d'écraser le service de sa gigantesque masse. Elle devait peser 35 kilos pour 1,60 mètre.

Souvent, je leur propose de se filmer en maillot de bain tous les jours – ou d'accepter d'être filmée par une infirmière –, puis de visionner leur image avec elles.

Il est étonnant de les voir découvrir avec horreur leur véritable image et non leur image spéculaire (même étymologie que spéculative). Elles réalisent la laideur de leur cachexie et parfois cela provoque chez elles une sorte d'électrochoc qui les mène à la guérison.

L'une d'entre elles qui était une boulimique vomisseuse très maigre et d'un extrême raffinement a accepté d'être filmée alors qu'elle engloutissait, bâfrait de la choucroute froide, toujours dans sa boîte de conserve, qu'elle n'avait pas même pris la peine de réchauffer. Quelques minutes plus tard elle se ruait aux toilettes, vomissait le tout et, pour s'essuyer la bouche, puisait avec la main dans la cuvette des W.-C. Elle avait été littéralement horrifiée par son propre comportement dont elle n'avait aucune idée. Quelques semaines plus tard, elle sortait guérie du service.

Et les animaux alors ? Leur capacité à se reconnaître dans un miroir a été démontrée chez la pie, le chimpanzé, le perroquet, le dauphin, l'orque, l'éléphant d'Asie, le bonobo, l'orang-outan, le gorille, le porc, le labre et la raie manta et, enfin, l'humain à partir de 18 mois.

Et n'oublions pas le poulpe ! Ces résultats pourraient prouver que les bêtes ont conscience d'elles-mêmes, ce qui est important pour notre compréhension de leurs capacités cognitives.

Le cerf dont parle La Fontaine souffre clairement de dysmorphophobie. Comme certains patients plus ou moins délirants qui pensent à tort que leur nez est difforme ou qu'un de leurs testicules est mal positionné, il considère que ses pattes sont tronquées alors même qu'elles sont juste enfoncées dans l'eau. Il est fier d'une partie de son corps, le haut, et a honte du bas. Autrement dit, il s'agit d'un cerf schizophrène ! J'avoue ne rien savoir des modalités d'internement des cervidés...

Les patients dysmorphophobes harcèlent les chirurgiens plastiques en leur demandant avec insistance de corriger un défaut qui n'existe pas. Et si ceux-ci ont le malheur d'accéder à leur demande délirante, ils se mettent en grand danger, car à peine réveillés de leur anesthésie les patients en question se convainquent que leur médecin a fait exprès d'aggraver leur défaut et vont parfois même jusqu'à se venger... définitivement.

Les meurtres de chirurgiens esthétiques sont malheureusement loin d'être exceptionnels, mais heureusement ils sont aujourd'hui mieux préparés à refuser des demandes infondées.

Plus sérieusement, je ne pense pas que la dysmorphophobie existe chez l'animal en général, et chez le cerf en particulier ; dans ce cas précis, qui relève de ma spécialité, **je donne tort à notre poète.**

Le Chat

Le Chat et le Renard, comme beaux petits saints,
S'en allaient en pèlerinage.
C'étaient deux vrais tartufs, deux archipatelins,,
Deux francs patte-pelus qui, des frais du voyage,
Croquant mainte volaille, escroquant maint fromage,
S'indemnisaient à qui mieux mieux.
Le chemin était long, et partant ennuyeux,
Pour l'accourcir ils disputèrent.
La dispute est d'un grand secours :
Sans elle on dormirait toujours.
Nos pèlerins s'égosillèrent.
Ayant bien disputé, l'on parla du prochain.
Le Renard au Chat dit enfin :
« Tu prétends être fort habile :
En sais-tu tant que moi ? J'ai cent ruses au sac.
– Non, dit l'autre : je n'ai qu'un tour dans mon bissac,
Mais je soutiens qu'il en vaut mille. »
Eux de recommencer la dispute à l'envi,
Sur le que si, que non, tous deux étant ainsi,
Une meute apaisa la noise.
Le Chat dit au Renard : « Fouille en ton sac, ami :
Cherche en ta cervelle matoise
Un stratagème sûr. Pour moi, voici le mien. »
À ces mots sur un arbre il grimpa bel et bien.
L'autre fit cent tours inutiles,

Entra dans cent terriers, mit cent fois en défaut
Tous les confrères de Brifaut.
Partout il tenta des asiles ;
Et ce fut partout sans succès :
La fumée y pourvut, ainsi que les bassets.
Au sortir d'un terrier, deux chiens aux pieds agiles
L'étranglèrent du premier bond.
Le trop d'expédients peut gâter une affaire :
On perd du temps au choix, on tente, on veut tout faire.
N'en ayons qu'un, mais qu'il soit bon.

Deux questions sont posées dans cette fable par La Fontaine :
– Qui, du chat ou du renard s'en sort le mieux ?
– L'animal peut-il s'ennuyer ?

Concernant la première question, il est évident que le choix des animaux par La Fontaine est excellent, car le chat comme le renard s'en sortent remarquablement bien et ne sont nulle part en danger d'extinction. Ces deux espèces sont intelligentes et surtout remarquablement adaptables. On pourrait rétorquer que le chat sauvage ne s'en sort pas si bien et est au bord de l'extinction dans notre pays, où il a été terriblement chassé par les chasseurs qui ne supportent jamais la concurrence avec les animaux qui osent se nourrir avec des proies qu'ils appellent gibier ! Et tant pis si l'essentiel de leurs prises concerne les rongeurs... Haro donc sur le lynx, le loup, le chat sauvage ! En revanche, les chats domestiques dits de gouttière et les harets, c'est-à-dire les minous retournés à l'état semi sauvage se multiplient malheureusement beaucoup trop et exterminent chaque année des milliards d'oiseaux. Quant au renard, il a les mêmes défauts aux yeux des nemrods qui l'ont classé « nuisible », enfin de nos jours, puisque le langage doit être politiquement correct (finis les aveugles, vivent les non-voyants !), ce sont des ESOD ! Si si !!! Et si vous ne connaissez pas cet acronyme, ce sont des Espèces Susceptibles d'Occasionner des Dégâts (91 départements autorisent sa destruction toute l'année).

L'imagination de nos énarques est décidément sans bornes. Les chats, encore plus nombreux et beaucoup plus destructeurs d'oiseaux, ne sont pas classés ESOD ! Leur destruction n'est pas autorisée.

Heureusement pour lui, le goupil est un rusé ; il se moque de ces subtilités et continue à très bien se porter, augmentant année après année son territoire. Égouts, banlieues, centres ville même, rien ne l'arrête.

Pour ce qui est de la seconde question, celle de l'ennui, notre poète a encore une fois raison. Enfin presque, car l'ennui ne concerne que l'animal domestique ou en captivité. Dans la fable donc, le chat peut s'ennuyer mais pas le renard.

Même s'ils semblent désœuvrés et même s'il n'est pas facile de les interviewer, le lion somnolant, le buffle ruminant, le lézard lézardant, aucun ne semble ressentir ce qui pourrait évoquer cet étrange sentiment de vacuité qui parfois nous envahit. Ces animaux sont inactifs parce qu'ils sont programmés pour, ils le veulent donc bien et parce qu'ils peuvent aussi rompre leur immobilité quand bon leur semble. Comme moi quand je me balade en Luberon, que je m'arrête un moment pour rêvasser avant de reprendre mon chemin… si et quand je veux.

Quant aux animaux de compagnie, d'élevage ou en cage, la nourriture leur est servie sur un plateau, les prédateurs n'existent pas. Leur reproduction est programmée par leurs maîtres, parfois même ils sont fécondés sans même s'en apercevoir grâce à la voluptueuse séduction de l'insémination artificielle. La compétition est rarissime, même s'il arrive que des chiens se bagarrent dans la rue, vite muselés par leurs propriétaires. Oublions les taureaux dans l'arène ! Reste à asseoir son autorité, définir la hiérarchie, la maintenir quand on est un animal social dans un zoo suffisamment spacieux pour accueillir plusieurs spécimens de la même espèce. Bref, les animaux domestiques n'éprouvent presque jamais la peur, la faim, la soif, ne connaissent pas la lutte pour la vie. En revanche, leur espace vital est limité par les murs de l'appartement, le grillage du clapier, les barreaux de leur cage, les parois de leur aquarium, les barbelés de leur pré, les fossés de leur enclos.

Et comme par hasard, les animaux d'hommestiques[4] ont des comportements bizarres appelés des stéréotypies : balancements interminables de l'ours qui est comme « un lion en cage », trajets immuables autour de l'enclos ou alors ils s'automutilent, se lèchent jusqu'au sang, ou clignent sans arrêt des yeux, produisent des grimaces toujours identiques ou bien traversent des périodes d'immobilité, cessent de s'alimenter, de se reproduire, tombent malades. Bref, l'absence de danger, de compétition, de recherche de nourriture ou de partenaire mène nos amies les bêtes à quelque chose qui ressemble à l'ennui humain. C'est pour cette raison qu'instinctivement nous lançons la baballe aux chiens, donnons une pelote avec au bout un simulacre de souris aux chats, installons une roue aux souris blanches. Curieusement, des stéréotypies très comparables existent chez les personnes souffrant d'autisme ou de schizophrénie.

L'ennui est en grande partie fonction du niveau intellectuel. L'anaconda capable de rester des mois sans faire un mouvement, la tique qui s'accroche à une branche de buisson et y reste immobile jusqu'à dix-huit ans sans se nourrir, sans bouger, ne s'ennuient pas. Ni le boa ou le poisson rocher ou la vache ruminant à l'ombre des bosquets tout en contemplant le passage de plus en plus rapide des TGV, ni même le léopard qui attend interminablement qu'une proie passe à sa portée. Que dire alors du chasseur à l'affût, du pêcheur à la ligne... S'ennuient-ils ? Je ne le pense pas, moi qui ai passé une partie de mon enfance à guetter un bouchon qui ne s'enfonçait jamais ! L'inverse du marathonien incapable de faire trois pas sans s'affubler d'un casque, lui qui proclame qu'il court pour être dans la nature ! Il suffit d'aller dans le métro et de compter le nombre de voyageurs scotchés sur leur téléphone ou perdus dans l'écoute de leur musique pour réaliser à quel point la technologie moderne sert avant tout à anéantir l'ennui. J'ai même vu dans un parc un jeune adolescent qui s'évertuait à installer des écouteurs à son berger allemand !

Les animaux sociaux s'ennuient plus que les solitaires, les actifs plus que les passifs, les explorateurs plus que les sédentaires, les prédateurs plus que les proies. Ces dernières vivent dans la peur d'être dévorées, et n'ont pas vraiment le temps ni le loisir de s'ennuyer... lorsqu'on contemple un coucher de soleil, on peut parfois se barber. Si, en revanche, on est dans l'imminence d'une catastrophe (visite d'un tsunami ou du contrôleur des impôts), on ne court aucun risque de le faire ! Les loups qui chassent à courre sont des marathoniens ; ils ont besoin de se dépenser en groupe, à l'inverse des léopards qui, eux, sont des sprinters asociaux s'accommodant d'efforts solitaires, brefs et intenses et glandant le reste du temps.

Les fondeurs fondus s'ennuient-ils plus que les sprinters ? Les clubs de fitness l'ont bien compris, eux qui installent des écrans devant les vélos d'appartement, les engins de step, les salles de musculation, à l'inverse des sprinters qui jamais n'ont d'écouteurs. Il est vrai que le 100 mètres ne se prête guère à l'écoute du ring de Wagner... À certaines saisons, les marathoniens se transforment en animaux sociaux et entament des migrations de masse à la manière des gnous ou des zèbres ; certains dépensent des fortunes pour le plaisir de se retrouver côte à côte avec des milliers de leurs congénères et de franchir le Verrazano Bridge de New York. On attend les études scientifiques pour savoir si ces rassemblements coïncident avec les périodes de reproduction... ce qui est plausible. Lors de ces courses, très peu portent des écouteurs. Je n'ai pas entendu parler de rassemblements de milliers de sprinters... on ne verra jamais de panneau du style « sprint de Paris » !

Selon moi, c'est l'impossibilité d'exercer une activité génétiquement programmée qui est à l'origine de l'ennui. En contrariant sa nature par la non recherche de nourriture ou de sécurité ou de partenaire sexuel, en rendant inutile de se dépenser physiquement, d'explorer, l'animal subit l'ennui.

L'Homme s'ennuie-t-il parce qu'il est contrarié dans ses aspirations génétiques ? *Sapiens* a été construit pour vivre en petits clans d'une vingtaine d'individus se déplaçant sans cesse pour chasser ou cueillir. Pas pour regarder des séries, affalé sur un canapé en s'enfilant des popcorns. Selon moi, c'est depuis qu'il s'est sédentarisé, qu'il a inventé des villages puis des villes sans prédateur ni proie, que l'humain se rase.

Bref, la vie sans crainte, ni stress, ni quête est une vie zoologiquement/humainement emmerdante !

 **Alors, pour en revenir à la fable de La Fontaine, je dirai qu'il a tout faux :**

– Le chat comme le renard s'en sortent aussi bien l'un que l'autre, chacun avec ses propres outils. Ils ont toujours prospéré et continuent aujourd'hui.

– Les deux compères ne risquent pas de s'ennuyer puisqu'ils ne sont pas en captivité et qu'ils se baladent comme bon leur semble. Au pire, ils auraient pu mettre un casque et écouter, je ne sais pas moi, *La poule* de Rameau, *Le duo des chats* de Rossini, *Le carnaval des animaux* de Saint-Saëns, *Zavez pas vu Mirza ?* de Nino Ferrer, *Ouvrez la cage aux oiseaux* de Pierre Perret, *L'aigle noir* de Barbara, *Le lion est mort ce soir*... ou alors, le top pour eux : *La danse du chat et du renard* de Mieczyslaw Weinberg, mais surtout pas *La lettre à Élise* ou bien de la techno, je ne connais rien de plus ennuyeux.

La Grenouille qui veut se

Une Grenouille vit un Bœuf
Qui lui sembla de belle taille.
Elle, qui n'était pas grosse en tout comme un œuf,
Envieuse, s'étend, et s'enfle, et se travaille,
Pour égaler l'animal en grosseur,
Disant : « Regardez bien, ma sœur ;
Est-ce assez ? dites-moi ; n'y suis-je point encore ?
– Nenni. – M'y voici donc ? – Point du tout. – M'y voilà ?
– Vous n'en approchez point. » La chétive pécore
S'enfla si bien qu'elle creva.
Le monde est plein de gens qui ne sont pas plus sages :
Tout bourgeois veut bâtir comme les grands seigneurs,
Tout petit prince a des ambassadeurs,
Tout marquis veut avoir des pages.

La question posée par la fable est assez particulière : les animaux sont-ils capables de changer de taille – ou de poids – à volonté et advient-il que cela les tue ?

C'est ainsi que lorsqu'une couleuvre commence à avaler une grenouille, celle-ci se met à enfler, enfler, enfler dans le but – pas toujours atteint il faut bien le dire – de devenir trop grosse pour être avalée. Cependant, il y a beaucoup mieux et plus efficace dans le domaine. Le diodon, par exemple, est un poisson hérissé de piquant venimeux et capable de se gonfler comme une baudruche en cas d'agression. Immangeable ! Le poisson coffre en est également capable, mais de manière tout de même moins spectaculaire. Le cobra, comme certains lézards, bluffe en déployant sa collerette tout en se dressant verticalement.

Pourtant, aucun de ces animaux ne « crève » en augmentant son volume ou sa surface. Au contraire, cela les sauve parfois. Une exception peut-être : l'homme, que son enflure narcissique peut mener à la perte. Néron, Caligula, Charles le Téméraire, Hitler, Mussolini, Bokassa, tous mégalos... tous ont mal fini !

La Fontaine ici a complètement tort, du moins en ce qui concerne les animaux !

P. S. Il me vient *in extremis* un exemple : chez certaines espèces de fourmis guerrières (*Camponotus cylindricus*), certaines soldates se transforment en grenades vivantes : s'agrippant à leur ennemi, gonflant leur abdomen rempli de substance collante, elles se font exploser façon kamikaze pour l'engluer. **La Fontaine a donc raison dans ce cas précis.**

Le Chat

Un Chat, contemporain d'un fort jeune Moineau,
Fut logé près de lui dès l'âge du berceau.
La Cage et le Panier avaient mêmes Pénates.
Le Chat était souvent agacé par l'Oiseau
L'un s'escrimait du bec, l'autre jouait des pattes.
Ce dernier toutefois épargnait son ami.
Ne le corrigeant qu'à demi
Il se fût fait un grand scrupule
D'armer de pointes sa férule.
Le Passereau, moins circonspect,
Lui donnait force coups de bec ;
En sage et discrète personne,
Maître Chat excusait ces jeux :
Entre amis, il ne faut jamais qu'on s'abandonne
Aux traits d'un courroux sérieux.
Comme ils se connaissaient tous deux dès leur bas âge,
Une longue habitude en paix les maintenait ;
Jamais en vrai combat le jeu ne se tournait ;
Quand un Moineau du voisinage
S'en vint les visiter, et se fit compagnon
Du pétulant Pierrot et du sage Raton ;
Entre les deux oiseaux il arriva querelle
Et Raton de prendre parti.
Cet inconnu, dit-il, nous la vient donner belle
D'insulter ainsi notre ami ;

et les deux moineaux

Le Moineau du voisin viendra manger le nôtre ?
Non, de par tous les Chats ! Entrant lors au combat,
Il croque l'étranger. Vraiment, dit maître Chat,
Les Moineaux ont un goût exquis et délicat.
Cette réflexion fit aussi croquer l'autre.
Quelle morale puis-je inférer de ce fait ?
Sans cela, toute fable est un œuvre imparfait.
J'en crois voir quelques traits ; mais leur ombre m'abuse,
Prince, vous les aurez incontinent trouvés :
Ce sont des jeux pour vous, et non point pour ma Muse ;
Elle et ses sœurs n'ont pas l'esprit que vous avez.

Notre poète s'interroge sur les possibilités de coexistence entre deux espèces réputées ennemies ; prenons l'exemple du chien et du chat.

Si d'aventure, lors d'une de ses premières sorties, notre Médor encore jeune toutou rencontre un chaton, il se montrera amical et confiant. Le chiot est gentil par nature. Du moins dans un premier temps. Il adoptera d'instinct les attitudes amicales de son espèce : queue battante, oreilles couchées, tête basse attendant la caresse. Le minou de son côté voit approcher un monstre deux fois plus gros que lui exhibant tous les signes d'agressivité et de colère qu'il connaît en tant que félin : oreilles et tête basses, queue agitée et, simple réflexe de survie, il lui enverra un bon coup de griffe en visant particulièrement les yeux... Le pauvre chien surpris et frustré dans son mouvement d'amitié ne comprendra rien à cet animal sournois qui ne se montre amical à son endroit que pour mieux l'attaquer avec ses griffes particulièrement acérées. Il en tirera les conclusions qui s'imposent : le chat est un animal fourbe et dangereux qu'il convient en toutes circonstances d'attaquer et de chasser systématiquement. C'est cette grammaire opposée des signes d'amitié ou d'hostilité qui fait que les deux espèces s'entendent comme... chiens et chats. Seuls les chiots et chatons élevés ensemble dès le début apprennent le langage de l'autre espèce et finissent par s'entendre.

Certains adeptes de La Fontaine font circuler des vidéos sur le net où l'on voit des chats accepter qu'un oiseau genre inséparable se promène sur leur dos. Je ne saurais trop leur conseiller de garder en permanence un œil sur leurs matous car La Fontaine dans cette fable a mille fois raison et la nature revient souvent au galop !

Cependant, il est clair dans cet exemple que l'action ne se situe pas dans la nature mais chez des animaux dits de compagnie. Chez les bêtes sauvages, il est parfois, bien qu'exceptionnellement, possible d'observer une lionne en train d'allaiter un faon... mais l'expérience montre que les choses se terminent toujours mal pour le petit cervidé qui généralement finit dans le ventre de sa mère d'adoption. Autrement il arrive, là encore très rarement, qu'un ours tolère la présence d'un ou deux loups lors de la dégustation d'une charogne animale, comme si, de manière pragmatique, la proie était suffisamment grosse pour nourrir tout le monde et ne nécessitait pas un combat potentiellement dangereux. Idem pour les lions face aux hyènes, que pourtant ils détestent, ou aux chacals considérés comme quantité négligeable.

Enfin si l'on considère les plus dangereux de tous les prédateurs, je veux parler d'*Homo sapiens*, il détruit systématiquement les animaux avec qui il est en concurrence, style chasseurs exterminant les loups, lynx et autres chats sauvages au motif qu'ils osent consommer de temps en temps un faisan, un lapin, un lièvre ou une perdrix. Notre espèce ne tolère les autres espèces prédatrices que mortes, comme les tigres de Tasmanie ou les loups de France, ou asservies, à l'image des chiens ou des chats.

Dans cette fable, Jean de La Fontaine a donc incontestablement raison... même si, en bon courtisan, il se défausse pour la morale afin, soi-disant, d'en laisser toute la gloire au Prince.

L'Aigle

L'Aigle et le Chat-huant leurs querelles cessèrent,
Et firent tant qu'ils s'embrassèrent.
L'un jura foi de Roi, l'autre foi de Hibou,
Qu'ils ne se goberaient leurs petits peu ni prou.
Connaissez-vous les miens ? dit l'Oiseau de Minerve.
Non, dit l'Aigle. Tant pis, reprit le triste oiseau :
Je crains en ce cas pour leur peau :
C'est hasard si je les conserve.
Comme vous êtes Roi, vous ne considérez
Qui ni quoi : Rois et Dieux mettent, quoi qu'on leur dise,
Tout en même catégorie.
Adieu mes Nourrissons, si vous les rencontrez.
Peignez-les-moi, dit l'Aigle, ou bien me les montrez :
Je n'y toucherai de ma vie.
Le Hibou repartit : Mes Petits sont mignons,
Beaux, bien faits, et jolis sur tous leurs compagnons :
Vous les reconnaîtrez sans peine à cette marque.
N'allez pas l'oublier ; retenez-la si bien
Que chez moi la maudite Parque
N'entre point par votre moyen.
Il avint qu'au Hibou Dieu donna géniture.

et le Hibou

De façon qu'un beau soir qu'il était en pâture,
Notre Aigle aperçut d'aventure,
Dans les coins d'une roche dure,
Ou dans les trous d'une masure
(Je ne sais pas lequel des deux),
De petits monstres fort hideux,
Rechignés, un air triste, une voix de Mégère.
Ces enfants ne sont pas, dit l'Aigle, à notre ami.
Croquons-les. Le Galand n'en fit pas à demi :
Ses repas ne sont point repas à la légère.
Le Hibou, de retour, ne trouve que les pieds de ses
Chers Nourrissons, hélas ! pour toute chose.
Il se plaint ; et les dieux sont par lui suppliés
De punir le brigand qui de son deuil est cause.
Quelqu'un lui dit alors :
N'en accuse que toi ou plutôt la commune loi,
Qui veut qu'on trouve son semblable
Beau, bien fait, et surtout aimable.
Tu fis de tes enfants à l'Aigle ce portrait :
En avaient-ils le moindre trait ?

La question posée ici par La Fontaine est celle du sens de l'esthétique chez l'animal.

Autrement dit, les bêtes sont-elles capables d'apprécier le beau, voire de le rechercher, l'imaginer, voire même de le créer ? Est-ce pour cette raison que les faisanes élisent les mâles les plus colorés et dotés de la plus longue queue ? Et pourquoi non ? Pourtant, avant de s'aventurer plus avant dans ce domaine, il paraît utile de définir ce qu'est l'esthétique.

Selon Alain Gras[5], l'esthétique est « une recherche commune qui anime tous les êtres vivants, l'harmonie avec son milieu ». On peut dès lors affirmer que plantes et animaux ont tous chevillé au corps le sens de la beauté puisque « l'être vivant ne cherche pas seulement à survivre mais d'abord à trouver un équilibre harmonieux dans son milieu ».

Dans cette perspective quasiment à l'opposé du darwinisme, en ce qui concerne le désir sexuel manifesté lors de la parade nuptiale, la réponse à la question est oui. Sans hésitation. C'est bien parce qu'elles apprécient la beauté des ocelles et de la roue que les paonnes se pâment devant le plus spectaculaire de leurs soupirants car enfin, si l'on y réfléchit un instant, en quoi l'immensité d'une queue qui ralentit l'envol de son propriétaire pourrait-elle favoriser la survie des paons dans les forêts indiennes infestées de tigres, hyènes rayées, chiens sauvages, chacals et autre panthères ?

Cette constatation éthologique amène à poser une autre question : la recherche du beau est-elle d'abord liée au désir de reproduction, *éros*, chez nous, comme chez elles, les bêtes ? Comment expliquer autrement que les jeunes accouchées – et leurs copines – fondent d'admiration devant leurs petites larves à la fois rouges, fripées et vagissantes ? Et à quel point elles sont scandalisées lorsqu'un garçon trop honnête leur fait remarquer à quel point leur nouveau-né est moche et qu'en plus ils sont tous pareils[6]!

Le syndrome de Stendhal[7], qui parfois saisit l'esthète devant la Vénus de Botticelli, le David de Michel Ange, les époux Arnolfini, les demoiselles d'Avignon, les chœurs de la 9e symphonie de Beethoven, le Requiem de Mozart, le baiser de Camille Claudel, ne serait-il alors que la simple manifestation de la pulsion de vie ?

Le plus bel exemple de cette passion pour la beauté qui habite les animaux nous est fourni par l'oiseau jardinier. Ce moche volatile prospère au pays de certains paradisiers, ces joyaux dansants qui hantent les forêts d'Australie et de Papouasie. Sans doute, peut-être pour compenser aux yeux des oiselles leur terne handicap, les mâles ont développé des compétences incroyables. Maîtrisant l'architecture, la perspective avec trompe-l'œil, la décoration d'intérieur et paysagère, le jardinage, ils font aussi preuve d'un grand sens des couleurs. Ils commencent par planter et cultiver des tomates du bush dont ils ne mangent pas les fruits mais dont les fleurs pourpres et les fruits verts sont du plus bel effet.

Très méticuleux, ils poursuivent en balayant, nettoyant à fond l'aire de leur nid où il ne restera pas le plus petit débris, la moindre brindille. Sa compagne, que j'appellerai la jardinière, en effet est très maniaque et ne laisse rien passer ! Ensuite, ils bâtissent une structure en berceau incroyablement complexe comprenant une illusion d'optique qui la fait paraître nettement plus grande.

Enfin, ils procèdent à la décoration de l'ensemble avec pour chaque espèce un choix de couleur, certaines sélectionnant le bleu, d'autres le blanc, d'autres enfin le blanc et le vert. Pour ce faire, ils récoltent tout ce qui possède la teinte voulue, fleurs, feuilles, coquilles, tissu, morceaux de plastique !

L'oiseau est jardinier mais pas vraiment écolo ! Enfin, quand une oiselle pointe son bec, il exécute pour elle une danse des plus gracieuses, à nos yeux comme sans doute à ceux des (pas très belles non plus) jardinières.

Alors, après cela Ami lecteur si tu doutes encore du sens de l'esthétique chez les animaux...

 **La Fontaine a donc raison** en ce qui concerne la capacité des animaux à produire de la beauté de manière à séduire les filles, qui pour leur part auraient une capacité à admirer ce qui est beau aux yeux de leur espèce ; en revanche, rien pour l'instant ne semble prouver qu'ils ont le sens de la laideur, surtout en ce qui concerne les représentants d'une autre espèce ! **La Fontaine a donc également tort !**

Le Lion

Va-t'en, chétif Insecte, excrément de la terre.
C'est en ces mots que le Lion
Parlait un jour au Moucheron.
L'autre lui déclara la guerre.
Penses-tu, lui dit-il, que ton titre de Roi
Me fasse peur ni me soucie ?
Un Bœuf est plus puissant que toi,
Je le mène à ma fantaisie.
À peine il achevait ces mots
Que lui-même il sonna la charge,
Fut le Trompette et le Héros.
Dans l'abord il se met au large,
Puis prend son temps, fond sur le cou
Du Lion, qu'il rend presque fou.
Le Quadrupède écume, et son œil étincelle ;
Il rugit, on se cache, on tremble à l'environ ;
Et cette alarme universelle
Est l'ouvrage d'un Moucheron.
Un avorton de Mouche en cent lieux le harcelle,
Tantôt pique l'échine, et tantôt le museau,

Tantôt entre au fond du naseau.
La rage alors se trouve à son faîte montée.
L'invisible ennemi triomphe, et rit de voir
Qu'il n'est griffe ni dent en la bête irritée
Qui de la mettre en sang ne fasse son devoir.
Le malheureux Lion se déchire lui-même,
Fait résonner sa queue à l'entour de ses flancs,
Bat l'air qui n'en peut mais, et sa fureur extrême
Le fatigue, l'abat ; le voilà sur les dents.
L'Insecte du combat se retire avec gloire:
Comme il sonna la charge, il sonne la victoire,
Va partout l'annoncer, et rencontre en chemin
L'embuscade d'une Araignée :
Il y rencontre aussi sa fin.
Quelle chose par là nous peut être enseignée ?
J'en vois deux, dont l'une est qu'entre nos ennemis
Les plus à craindre sont souvent les plus petits ;
L'autre, qu'aux grands périls tel a pu se soustraire,
Qui périt pour la moindre affaire.

La rancune existe-t-elle dans le monde animal ?

La mule du pape d'un autre conteur fabuliste, Alphonse Daudet met parfaitement en scène cette question en contant la mésaventure qui frappa le jeune Tistet Védène. Ce garçonnet âgé de treize ans avait été chargé, entre autres tâches, de prendre soin de la mule du souverain pontife, le bon Boniface, grand amateur de Châteauneuf... du Pape (forcément) et quasi amoureux de son splendide baudet !

Le garçonnet était en effet parvenu à capter l'attention du Saint Père en admirant bruyamment l'animal. Pourtant, sans raison apparente, il se mit à la maltraiter en la soumettant au supplice de Tantale : il plaçait sous ses naseaux un bol rempli d'un vin chaud parfumé et sucré identique à celui que Boniface lui faisait savourer ; une fois le breuvage humé, il le lui retirait brutalement et s'en goinfrait, lui et les autres sacripants qui par ailleurs lui firent subir mille autres avanies et humiliations !

Patiemment, l'animal prépara sa vengeance et c'est là que le drame se noue. Tistet est envoyé auprès de la reine Jeanne à Naples dans la suite du nonce apostolique. La mule qui rongeait son frein fut contrainte de remettre à plus tard le juste châtiment de son tortionnaire. Au bout de sept longues années, Tistet revint à Avignon car il ambitionnait d'être nommé moutardier du pape, un titre apparemment considérable. Lors de la cérémonie de remise des insignes, la mule vindicative put enfin exercer sa vengeance en décochant à son ancien bourreau un fatal coup de sabot.

« Il n'y a pas de plus bel exemple de rancune ecclésiastique », conclut l'auteur, lequel se trompe lourdement car un âne ne saurait embrasser une carrière ecclésiastique... quoique ! Incitatus, le cheval de Caligula, n'avait-il pas été nommé consul par son maître empereur... juste pour énerver les sénateurs ! Alors, rancunier le moucheron ? Profondément vexé des insultes du lion ?

Selon une légende tenace, les éléphants sont dotés d'une mémoire légendaire qui leur permettrait, plusieurs années plus tard, de témoigner de la reconnaissance à ceux qui leur ont fait du bien et de la rancune à ceux qui les ont maltraités. Cette réputation de mémoire est sans doute justifiée. En revanche, leur capacité à éprouver un désir de vengeance ne semble pas à l'heure actuelle confirmée par les scientifiques. Seuls les chimpanzés et les corbeaux, pour le moment, ont pu démontrer ce sentiment si humain.

Dans un de ses ouvrages, le primatologue Frans de Waal décrit une troupe de chimpanzés s'attachant à faire respecter une règle pourtant voulue par des humains mais à laquelle ils étaient bien obligés d'être soumis. À la fin de leur journée de travail, au zoo d'Arnhem, aux Pays-Bas, deux chimpanzés adolescentes refusèrent de rentrer dans leur cage à l'heure habituelle, alors qu'aucun singe ne devait recevoir de la nourriture tant que toute la tribu n'était pas rentrée au bercail. Quand les deux femelles se sont enfin décidées, avec plus de deux heures de retard au cours desquelles les autres avaient été contraints de patienter pour attendre leur nourriture, les gardiens ont été obligés de les faire dormir à part pour leur éviter des représailles trop sévères.

Lorsque, le lendemain, les deux dissidentes ont été réintroduites dans le groupe, elles furent vigoureusement punies par toute la bande... la conséquence fut que le soir même, elles étaient les premières à rentrer, avec beaucoup d'empressement ! Cette punition en forme de vengeance démontre que les chimpanzés, qui pourtant n'étaient sans doute plus autant en colère, savent qu'il convient de châtier les coupables pour éviter qu'ils recommencent.

C'est l'histoire d'une bande de corvidés salariés par le CNRS et grugés par des chercheurs qui les frustrent et les trompent en ne menant pas jusqu'au bout un commerce convenu de pain et de fromage[8]. Les éleveurs scientifiques malicieux avaient en effet appris à des corbeaux comment échanger des friandises, par exemple un morceau de pain, contre un bout de fromage, qu'ils préfèrent savourer... et de loin. Il est à ce sujet loisible au passage de remarquer que La Fontaine avait raison puisque manifestement ces oiseaux raffolent du gruyère ou du camembert ! Mais une fois habitués à ce protocole, certains dresseurs abusaient parfois les oiseaux, en gardant le fromage... et en le dégustant sous leurs yeux, agrémenté du pain... ultime provocation... du point de vue désappointé et donc furibond du corbeau, décidément l'éternel dindon de la farce, ce qui est particulièrement injuste puisque ce volatile est un des animaux les plus intelligents de la création.

Deux jours plus tard, les oiseaux qui avaient été trompés/volés refusèrent toute interaction avec ces mêmes expérimentateurs, mais continuèrent à échanger avec ceux qui avaient été réglo.

Deux mois plus tard, les chercheurs sont revenus à la charge et un seul des oiseaux trompés était disposé à échanger avec l'un des escrocs. Le corbeau tient à ce que les contrats soient respectés et, dans le cas contraire, il se montre vindicatif. Remarquons que, dans cette étude, il s'agit bien de rancune, pas de vengeance.

De nombreuses recherches ont démontré que ces animaux peuvent éprouver de l'empathie, de la jalousie, trahir, mentir, voter de manière démocratique... alors qu'ils puissent éprouver de la rancune ne fait que démontrer encore mieux à quel point ils nous ressemblent.

Et Médor ? Contrairement à ce que pensent la plupart des maîtres qui tous ont une pleine besace d'histoires de chats ou de chiens faisant exprès de déféquer et/ou uriner là où c'est interdit quand ils veulent se venger d'avoir été abandonnés plusieurs jours de suite, nos animaux de compagnie ne semblent en aucun cas capables de ce type de sentiment. L'idée qu'un de ces mammifères puisse se montrer capable d'anticiper la réaction de son maître en cas de désobéissance est sans aucun doute trop sophistiquée pour être crédible.

En revanche, il est clair qu'ils sont capables d'éprouver quelque chose qui ressemble à de la culpabilité, comme l'a démontré l'expérience du comportementaliste Peter Vollmer sur la chienne Mango, laquelle n'avait pourtant aucune raison de l'être... coupable !

À chaque absence de son maître, celle-ci s'acharnait à déchiqueter tous les journaux et les livres qui lui tombaient sous les crocs. À chaque retour de son maître, Mango était punie pour sa faute et, en conséquence, adoptait une attitude coupable, oreilles baissées, la queue battant faiblement, rampant et gémissant. Le professeur Vollmer déchira alors tout un tas de papier à l'insu de son chien... et rentra à la maison. La pauvre Mango qui pourtant n'avait rien fait de mal se mit à ramper, gémir, baisser les oreilles, comme si c'était elle qui avait tout déchiqueté. En réalité, tout ce qu'elle avait compris, c'est qu'elle était punie quand le papier était déchiré. Un pur conditionnement. Point de culpabilité dans ce cas, mais la soumission d'un mâle lambda devant son alpha, car le chien descend du loup.

Et quand Mango déchiquetait le papier, elle ne cherchait pas à se venger, ce n'étaient pas des représailles mais simplement une manière de calmer son anxiété d'animal social qui déteste se retrouver seul.

La Fontaine a donc parfaitement tort, les animaux ni ne se vexent, ni ne se vengent !

La Chatte

Un homme chérissait éperdument sa Chatte ;
Il la trouvait mignonne, et belle, et délicate,
Qui miaulait d'un ton fort doux.
Il était plus fou que les fous.
Cet Homme donc, par prières, par larmes,
Par sortilèges et par charmes,
Fait tant qu'il obtient du destin
Que sa Chatte en un beau matin
Devient femme, et le matin même,
Maître sot en fait sa moitié.
Le voilà fou d'amour extrême,
De fou qu'il était d'amitié.
Jamais la Dame la plus belle
Ne charma tant son Favori
Que fait cette épouse nouvelle
Son hypocondre de mari.
Il l'amadoue, elle le flatte ;
Il n'y trouve plus rien de Chatte,
Et poussant l'erreur jusqu'au bout,
La croit femme en tout et partout,
Lorsque quelques Souris qui rongeaient de la natte

Troublèrent le plaisir des nouveaux mariés.
Aussitôt la femme est sur pieds :
Elle manqua son aventure.
Souris de revenir, femme d'être en posture.
Pour cette fois elle accourut à point :
Car ayant changé de figure,
Les souris ne la craignaient point.
Ce lui fut toujours une amorce,
Tant le naturel a de force.
Il se moque de tout, certain âge accompli :
Le vase est imbibé, l'étoffe a pris son pli.
En vain de son train ordinaire
On le veut désaccoutumer.
Quelque chose qu'on puisse faire,
On ne saurait le réformer.
Coups de fourche ni d'étrivières
Ne lui font changer de manières ;
Et, fussiez-vous embâtonnés,
Jamais vous n'en serez les maîtres.
Qu'on lui ferme la porte au nez,
Il reviendra par les fenêtres.

Est-il vrai que le naturel ne se perd jamais ? Une drôle de question que pose cette fable qui témoigne encore une fois de l'incroyable capacité visionnaire du grand Jean de La Fontaine. Comment ce diable d'homme a-t-il réussi à anticiper la (stupide) mode des NAC ou Nouveaux Animaux de Compagnie ?

Quoi de plus mignon qu'un bébé alligator de quelques centimètres, acheté pour 1,5 dollar il y a quelques décennies, élevé dans un aquarium, puis dans une grande bassine, puis dans la baignoire puis... discrètement largué dans les égouts de Los Angeles ou Miami où il pourra se nourrir en toute quiétudes des ordures et des rats et, à l'occasion, mordre un employé ? Certains spécimens de taille respectable ont même été retrouvés à New York et Paris, deux métropoles pas vraiment connues pour leur climat tropical. L'ex mignon bébé crocodile devient immanquablement un terrifiant Godzilla capable de mordre la main qui l'a nourri.

C'est d'ailleurs à Paris que l'on a pu capturer des singes magots importés illégalement du Maroc quand ils étaient petits et attendrissants ; une tortue alligator, un python de trois mètres et un piranha ont été pêchés dans la Seine, une grosse araignée venimeuse venue de Guyane ; un loup a été capturé au parc Monceau. On pourrait certes me dire que mis à part les bébés singes gentils au début et agressifs au fur et à mesure qu'ils grandissent, on ne peut guère parler de tendresse chez les reptiles, arachnides et autres insectes élevés par des collectionneurs déjantés. Il faut cependant savoir que l'importation discrète de python de Birmanie qui peut atteindre 6 mètres, a des conséquences catastrophiques dans les *Everglades* de Floride où ils se sont tant multipliés qu'ils sont en train d'éliminer la faune locale, du puma à l'alligator, de l'opossum au raton laveur, du renard au lapin. Certaines populations de mammifères ont chuté de 99 % ! Selon le *Courrier international,* il existe un trafic de bébés chimpanzés qui se négocient au prix de 11 500 €. Adorables au début, quand on les nourrit au biberon, une fois adultes leur naturel reprend presque toujours le dessus et, vue leur terrible force musculaire, ils peuvent devenir terriblement dangereux. Idem pour les gorilles et les orangs-outans. La reconnaissance n'est pas du tout répandue dans le monde animal !

Enfin, il existe aussi des (crétins) amateurs de lionceaux ou des bébés tigres. Ce sont certes de vraies peluches au début, mais qui redeviennent ce pourquoi ils sont programmés une fois devenus adultes. C'est ainsi qu'un Tchèque s'est fait tuer par l'un des lions qu'il élevait sans autorisation[9]. Il se dit parfois « qu'il y a plus de félins dans les maisons, chez les particuliers, que dans les parcs zoologiques[10] ».

Incontestablement, La Fontaine a ici raison.

Les deux

Deux Coqs vivaient en paix ; une Poule survint,
Et voilà la guerre allumée.
Amour, tu perdis Troie ; et c'est de toi que vint
Cette querelle envenimée,
Où du sang des Dieux même on vit le Xanthe teint.
Longtemps entre nos Coqs le combat se maintint :
Le bruit s'en répandit par tout le voisinage.
La gent qui porte crête au spectacle accourut.
Plus d'une Hélène au beau plumage
Fut le prix du vainqueur ; le vaincu disparut.
Il alla se cacher au fond de sa retraite,
Pleura sa gloire et ses amours,
Ses amours qu'un rival tout fier de sa défaite
Possédait à ses yeux. Il voyait tous les jours
Cet objet rallumer sa haine et son courage.
Il aiguisait son bec, battait l'air et ses flancs,
Et s'exerçant contre les vents
S'armait d'une jalouse rage.
Il n'en eut pas besoin. Son vainqueur sur les toits
S'alla percher, et chanter sa victoire.
Un Vautour entendit sa voix :
Adieu les amours et la gloire.
Tout cet orgueil périt sous l'ongle du Vautour.

Enfin par un fatal retour
Son rival autour de la Poule
S'en revint faire le coquet :
Je laisse à penser quel caquet,
Car il eut des femmes en foule.
La Fortune se plaît à faire de ces coups ;
Tout vainqueur insolent à sa perte travaille.
Défions-nous du sort, et prenons garde à nous
Après le gain d'une bataille.

La description du « combat de coqs », expression consacrée, est tout à fait correcte.

Les animaux combattent pour conquérir un harem et, dans l'immense majorité des cas, le vaincu pitoyable court se cacher. Pourtant, il arrive que l'issue soit moins sympathique du fait de l'ergot que ces animaux particulièrement agressifs possèdent, et aussi de l'incroyable rapidité de leurs attaques. Cet animal est tellement belliqueux qu'il a été choisi comme emblème national par... la France ! Et il a même failli l'être par les États-Unis d'Amérique à la place de l'aigle ; la Louisiane fut le dernier état à interdire les combats en 2008. C'est d'ailleurs à cause de cette férocité que des combats avec paris ont été et sont toujours organisés malgré les molles interdictions dans quelques pays : Indonésie, Philippines et nombre de pays d'Asie du Sud-Est. Et comme les voir s'étriper naturellement n'est pas suffisamment drôle, les éleveurs remplacent les vrais ergots par des pointes en corne ou en acier.

Barbare ? Exotique ce sport ? Détrompez-vous ami lecteur, il est légalement toléré aujourd'hui au grand dam des défenseurs du bien-être animal en Espagne (Andalousie, Canaries) et… oui, en France, dans la région des Hauts-de-France, alors que leurs voisins belges les ont bannis en 1929, à La Réunion, en Guyane et en Polynésie. La seule condition pour les maintenir est que la tradition se soit maintenue sans interruption. Drôle de raisonnement. Ainsi, en cas de découverte d'une contrée où le cannibalisme ait toujours existé, il serait accepté au nom de la sacro-sainte tradition. Pourtant l'excision, on ne peut plus traditionnelle dans certaines ethnies, est interdite et c'est tant mieux ! Décidément, le législateur et sa clientèle ne sont pas toujours très cohérents…

Les combats des mâles sont répandus dans un grand nombre d'espèces animales, la quasi-totalité en réalité. Parfois ils ne sont que courtois, comme chez le coq de bruyère ou grand tétra ; parfois ils sont réglementés, comme chez le loup : quand le vaincu demande grâce en offrant sa gorge, le vainqueur cesse immédiatement, ce qui évite les drames. Parfois il est spectaculaire mais peu dangereux, comme chez les cerfs, les béliers. Parfois il est d'une extrême violence, comme chez le lion où le vaincu est souvent tué ou alors grièvement blessé, banni et condamné à une courte vie solitaire car devenu incapable de chasser. Dans tous les cas, les enjeux des batailles, je veux dire les femelles, regardent d'un œil intéressé ou soi-disant blasé, mais ne se font pas prier ensuite pour jouer le « Repos du guerrier ».

Enfin, l'apogée de ces combats dans notre espèce s'est déroulé au Moyen Âge, au cours des tournois où chaque chevalier désignait l'enjeu, une belle dame dont il arborait la couleur au moyen d'un ruban noué autour du bras, paradait avec son plus beau heaume, son écu, son panache, joutait et en cas de victoire rendait hommage à la gente dame. Là aussi, le vaincu, honteux et confus, courait se cacher, du moins s'il avait survécu.

Bref les exemples foisonnent pour dire que La Fontaine ici a raison.

Le Loup

La raison du plus fort est toujours la meilleure :
Nous l'allons montrer tout à l'heure.
Un Agneau se désaltérait
Dans le courant d'une onde pure.
Un Loup survient à jeun qui cherchait aventure,
Et que la faim en ces lieux attirait.
« Qui te rend si hardi de troubler mon breuvage ?
Dit cet animal plein de rage :
Tu seras châtié de ta témérité.
— Sire, répond l'Agneau, que votre Majesté
Ne se mette pas en colère ;
Mais plutôt qu'elle considère
Que je me vas désaltérant
Dans le courant,
Plus de vingt pas au-dessous d'Elle,
Et que par conséquent, en aucune façon,
Je ne puis troubler sa boisson.
— Tu la troubles, reprit cette bête cruelle,
Et je sais que de moi tu médis l'an passé.
— Comment l'aurais-je fait si je n'étais pas né ?
Reprit l'Agneau, je tette encor ma mère.
— Si ce n'est toi, c'est donc ton frère.
— Je n'en ai point.
— C'est donc quelqu'un des tiens :
Car vous ne m'épargnez guère,
Vous, vos bergers, et vos chiens.
On me l'a dit : il faut que je me venge. »
Là-dessus, au fond des forêts
Le Loup l'emporte, et puis le mange,
Sans autre forme de procès.

La raison du plus fort est-elle toujours la meilleure ?

L'éthique en prend un sacré coup car la morale de cette fable est aussi lapidaire que consternante : « La raison du plus fort est toujours la meilleure », sans appel et désolante. Mais est-ce aussi vrai que cela en a l'air ? Est-ce toujours le plus puissant qui gagne ?

Il est vrai que dans les combats de mâles, il ne semble pas y avoir d'exception à cette règle. Sauf que... c'est parfois le plus malin qui l'emporte. On l'a vu, certaines seiches mâles peu costaudes se déguisent en travelos pour approcher les femelles au nez et à la barbe – si l'on peut dire – des mâles occupés à combattre pour les conquérir et, ainsi, parvenir à leurs fins. Les araignées mâles sont terriblement moins grosses, moins musclées, moins féroces que leurs terribles partenaires qui semblent n'avoir qu'une idée en tête : ne faire qu'une bouchée de leur mari. Alors, pour malgré tout accomplir leur destin de géniteurs sans passer par la case estomac de madame, ils recourent à des stratégies des plus futées :

– Offrir en cadeau romantique une proie, genre mouche ou punaise après l'avoir soigneusement emmaillotée dans un interminable et résistant fil de soie. Le temps que la maritorne ouvre son présent, le mari fait sa « petite affaire », comme disait ma grand-mère.

– Se carapater à toute allure, éventuellement en se catapultant une fois accomplie la besogne.

– Courir dans tous les sens et à toute allure sur la toile de ma mégère jusqu'à ce qu'elle se prenne les pieds dans le tapis, se retrouve ficelée et surtout immobilisée. Mufle mais efficace.

– Rester à une distance prudente, se masturber et projeter les boulettes de semence en visant bien.

– Pénétrer entièrement dans l'orifice sexuel de la dame et s'y installer pour toute la vie afin de devenir une machine à sperme. Il convient dans ce cas de ne pas être claustrophobe.

– Dans certaines espèces, il existe des femelles cannibales et d'autres non. Incroyablement, ce sont les premières qui sont les plus sexy aux (huit) yeux des mâles qui les choisissent, tout en restant prudents et... rapides !

– Enfin, certains mâles kamikazes se placent délibérément entre les crochets et se laissent tranquillement dévorer pendant le coït, allant jusqu'à les encourager pour finir le repas. Difficile d'imaginer une galanterie plus héroïque.

À noter que certaines femelles chinoises, manifestement conscientes de la crainte qu'elles inspirent à leurs potentiels partenaires, simulent la mort (catalepsie sexuelle) pour rassurer ceux-ci et les inciter à s'accoupler sans risque. Les deux sexes y gagnent donc, sans effusion de sang. En revanche, dans le perpétuel et sanglant jeu qui oppose proies et prédateurs, est-il possible de trouver des exceptions à la règle du plus fort ? Clairement, quand la proie potentielle est la plus forte, comme par exemple les éléphants, hippopotames et autres rhinocéros, c'est bien le plus fort qui l'emporte ; de ce fait, ces trois espèces n'ont pas de prédateur une fois devenues adultes et tant qu'elles sont en bonne santé. De même, quand un guépard tue une proie, comme il est faible face aux lions ou aux hyènes, il a intérêt à avaler un maximum de viande en un minimum de temps s'il ne veut pas être la victime d'un pique-assiette.

Parfois il arrive que ce soit l'union qui fait la force. Par exemple les buffles ou bien les bœufs musqués font front tous ensemble pour repousser les lions ou les loups et défendre leurs petits. Enfin, un animal des moins sympathiques, le ratel, cette espèce de blaireau africain, est tellement teigneux, tellement agressif, tellement hargneux qu'il parvient à repousser les lions pourtant dix fois plus puissants, et c'est à peu près pareil avec les gloutons qui peuvent arriver à repousser les ours ou les loups.

En conclusion, La Fontaine a le plus souvent raison dans cette fable immorale ; il aurait dû la compléter en écrivant : les raisons du plus fort, du plus malin et du plus méchant sont toujours les meilleures.

L'Aigle

L'Aigle donnait la chasse à Maître Jean Lapin,
Qui droit à son terrier s'enfuyait au plus vite.
Le trou de l'Escarbot se rencontre en chemin :
Je laisse à penser si ce gîte
Était sûr ; mais où mieux ? Jean Lapin s'y blottit.
L'Aigle fondant sur lui nonobstant cet asile,
L'Escarbot intercède et dit :
Princesse des Oiseaux, il vous est fort facile
D'enlever malgré moi ce pauvre malheureux ;
Mais ne me faites pas cet affront, je vous prie ;
Et, puisque Jean Lapin vous demande la vie,
Donnez-la-lui, de grâce, ou l'ôtez à tous deux :
C'est mon voisin, c'est mon compère.
L'Oiseau de Jupiter, sans répondre un seul mot,
Choque de l'aile l'Escarbot,
L'étourdit, l'oblige à se taire,
Enlève Jean Lapin. L'Escarbot indigné
Vole au nid de l'Oiseau, fracasse en son absence
Ses œufs, ses tendres œufs, sa plus douce espérance.
Pas un seul ne fut épargné.
L'Aigle étant de retour et voyant ce ménage,
Remplit le ciel de cris, et, pour comble de rage,
Ne sait sur qui venger le tort qu'elle a souffert.

Elle gémit en vain, sa plainte au vent se perd.
Il fallut pour cet an vivre en mère affligée.
L'an suivant, elle mit son nid en lieu plus haut.
L'Escarbot prend son temps, fait faire aux œufs le saut.
La mort de Jean Lapin derechef est vengée.
Ce second deuil fut tel que l'écho de ces bois
N'en dormit de plus de six mois.
L'Oiseau qui porte Ganymède
Du Monarque des Dieux enfin implore l'aide,
Dépose en son giron ses œufs, et croit qu'en paix
Ils seront dans ce lieu, que pour ses intérêts
Jupiter se verra contraint de les défendre :
Hardi qui les irait là prendre.
Aussi ne les y prit-on pas.
Leur ennemi changea de note,
Sur la robe du Dieu fit tomber une crotte ;
Le Dieu la secouant jeta les œufs à bas.
Quand l'Aigle sut l'inadvertance,
Elle menaça Jupiter
D'abandonner sa cour, d'aller vivre au désert,
De quitter toute dépendance
Avec mainte autre extravagance.
Le pauvre Jupiter se tut :

Devant son tribunal l'Escarbot comparut,
Fit sa plainte, et conta l'affaire :
On fit entendre à l'Aigle enfin qu'elle avait tort.
Mais les deux ennemis ne voulant point d'accord,
Le Monarque des Dieux s'avisa, pour bien faire,
De transporter le temps où l'Aigle fait l'amour
En une autre saison, quand la race escarbote
Est en quartier d'hiver, et comme la Marmotte
Se cache et ne voit point le jour.

Précisons tout d'abord l'identité des acteurs de ce qu'il faut bien appeler un drame et même, n'ayons pas peur des mots, un tragique infanticide : *l'Escarbot* est un scarabée et *l'Aigle*, une oiselle.

Inutile de s'attarder sur des considérations aussi triviales que par exemple les dimensions du terrier, puisque celui d'un insecte ne saurait abriter un mammifère comme un lapin. Pour les mêmes raisons de taille, le scarabée serait bien incapable de déplacer même d'un millimètre des œufs de rapace, sauf si l'on excepte le *kayapos* d'Amazonie, ce gigantesque mini rhinocéros capable de soulever jusqu'à 2 kilos !

Quant à la saison de reproduction, le Jupiter de La Fontaine a encore tout faux puisque l'aigle pond au début du printemps, certainement pas en hiver ! La cause est entendue et, à l'évidence, La Fontaine en était conscient. Pour lui, il s'agissait de licence poétique et de rien d'autre, en aucun cas de zoologie. En revanche, la véritable question qu'il pose est beaucoup plus intéressante : existe-t-il vraiment dans le règne animal des exemples de solidarité entre espèces différentes : ici, la conduite purement altruiste de l'escarbot envers le lapin ?

Bien sûr, la notion de symbiose vient immédiatement à l'esprit : une minuscule algue et un mini champignon unissant leurs forces pour constituer l'indestructible lichen et ainsi coloniser des lieux tellement inhospitaliers que nul autre organisme vivant n'y pourrait survivre. De la même manière, les oiseaux garde-bœufs passent leur existence juchés sur le dos des gros animaux d'Afrique comme les buffles, les zèbres ou les antilopes.

Les premiers se nourrissent des multiples parasites qui harcèlent les mammifères et les en débarrassent ; de plus, dotés d'une excellente vue, ils s'envolent au premier danger, donnant l'alerte à leur hôtes. Tout le monde y trouve son compte. Même chose pour certains poissons et crevettes qui nettoient les dents des requins en se jetant dans leur gueule sans pour autant se faire croquer. Ces dentistes non bénévoles leur évitent ainsi bien des soucis.

Quant au cinégénique poisson clown, alias Nemo, il trouve un refuge inexpugnable dans les toxiques anémones à qui il fournit en retour des débris alimentaires. De cette manière il est protégé des colocs et autres prédateurs.

La compagnie des zèbres et des autruches est aussi très recherchée par les gnous, gazelles et autres antilopes, car ce sont d'excellents guetteurs et aussi parce que l'union fait la force. Cependant, dans tous ces exemples, il ne s'agit pas de solidarité mais d'intérêts convergents.

Il existe certes des témoignages de faons adoptés – et allaités – de manière apparemment désintéressée par des lionnes ou des tigresses mais cela n'est qu'anecdotique. Plus sophistiqué : lorsqu'un étourneau est infesté de tiques, il va dans un nid de fourmis rouges et y prélève les insectes pour les installer dans son plumage.

Aussitôt, les fourmis rendues furieuses projettent de l'acide formique qui extermine les tiques et enduit le plumage de ce puissant insecticide naturel. Les fourmis n'ont rien à y gagner car les tiques ne sont pas comestibles. On est donc devant un service forcé et à sens unique, plus proche de l'esclavage que de la solidarité !

L'histoire de l'oiseau appelé indicateur et du ratel : cette espèce de blaireau africain considéré comme l'animal le plus agressif de la planète animale, après l'homme bien sûr, illustre mon propos. Le volatile adore le miel, tout autant que le mammifère. Le premier n'est pas de taille à affronter une ruche et ses dangereuses propriétaires alors que le second a du mal à les repérer en hauteur. Alors, dès qu'il a trouvé une ruche, l'indicateur émet un chant caractéristique afin que le féroce griffu passe à l'action... les deux peuvent alors de concert savourer le doux nectar doré ! Pourtant, dans ce cas encore, il s'agit d'entraide mutuelle. Se pourrait-il qu'il existe dans la nature des comportements entièrement désintéressés où un animal aiderait un autre animal d'une autre espèce ?

Avec la vidéo du sauvetage d'une corneille maladroitement tombée à l'eau dans le zoo de Bucarest, et tendrement repêchée par un ours qui n'avait pourtant rien à y gagner, se pose en effet la question des comportements animaux désintéressés, en un mot d'une forme de compassion, voire même de bonté, de la part de certaines bêtes.

Cette question est d'importance car elle ferait vaciller notre conviction à propos de la (soi-disant) loi de la jungle qui du coup ne serait pas seule à régner... dans la jungle !

Par exemple, des babouins mâles soucieux de leur avenir enlèvent des bébés, de préférence des femelles et les font allaiter par une de leurs épouses, pour plus tard augmenter leur harem, ce qui n'est guère reluisant, encore moins élégant.

En revanche, il arrive qu'un de ces grands singes machos enlève un chiot et le mette au sein d'une de ses favorites… pour quel bénéfice ? Le chien pourrait-il être considéré comme un animal de compagnie par ces quadrumanes ? Étonnant, non ? Les éthologues se perdent en conjectures.

Un choucas a été filmé en train d'inciter, à petits coups de bec dans l'arrière-train, un hérisson à traverser une route un peu plus vite compte tenu de la circulation automobile. Là encore, on ne voit pas bien ce que le volatile avait à y gagner. Mais je l'avoue, la vidéo qui m'a le plus troublé est celle d'un ara compatissant et, n'ayons pas peur des mots, charitable qui déverse des spaghettis dans la gueule de son pote, un berger allemand sans doute affamé. Un comportement amical, volontaire et vraiment gratuit de la part de l'intelligent psittacidé.

L'entraide peut-elle vraiment aller jusqu'à la compassion, voire l'altruisme, puisque ces mots théoriquement réservés à l'humain ont été lâchés ? Un éléphant domestique chargé d'enfoncer des poteaux dans des cavités arrête soudain de travailler. Pourquoi ?

Un chien était endormi au fond du trou. L'animal a recommencé sa tâche dès que le chien a été mis hors de danger... anthropomorphisme de ma part ? Peut-être, mais quand on connaît les incroyables comportements de solidarité des pachydermes entre eux, on a le droit de rêver à la possibilité d'un « aimez-vous les uns les autres » chez certains animaux. Même quand ils appartiennent à des espèces différentes.

Selon Pablo Servigne, « l'entraide entre bactéries pour former des cellules, puis entre cellules pour former un corps, puis avec d'autres espèces vivantes pour se nourrir, et avec d'autres humains pour grandir et pour transmettre la culture. Nous sommes l'entraide incarnée ». À cet égard, La Fontaine, toujours aussi malicieux, propose une autre fable où l'entraide interspécifique est refusée par l'âne et mal lui en prend !

La Fontaine a donc raison et tort à la fois !

l'Aigle, la Laie

L'Aigle avait ses petits au haut d'un arbre creux,
La Laie au pied, la Chatte entre les deux
Et sans s'incommoder, moyennant ce partage,
Mères et nourrissons faisaient leur tripotage.
La Chatte détruisit par sa fourbe l'accord.
Elle grimpa chez l'Aigle, et lui dit : « Notre mort
(Au moins de nos enfants, car c'est tout un aux mères)
Ne tardera possible guères.
Voyez-vous à nos pieds fouir incessamment
Cette maudite Laie, et creuser une mine ?
C'est pour déraciner le chêne assurément,
Et de nos nourrissons attirer la ruine.
L'arbre tombant ils seront dévorés :
Qu'ils s'en tiennent pour assurés.
S'il m'en restait un seul, j'adoucirais ma plainte. »
Au partir de ce lieu, qu'elle remplit de crainte,
La perfide descend tout droit
À l'endroit où la Laie était en gésine.
« Ma bonne amie et ma voisine,
Lui dit-elle tout bas, je vous donne un avis.
L'Aigle, si vous sortez, fondra sur vos petits :
Obligez-moi de n'en rien dire ;

Son courroux tomberait sur moi. »
Dans cette autre famille ayant semé l'effroi,
La Chatte en son trou se retire.
L'Aigle n'ose sortir, ni pourvoir aux besoins
De ses petits ; la Laie encore moins :
Sottes de ne pas voir que le plus grand des soins,
Ce doit être celui d'éviter la famine.
À demeurer chez soi l'une et l'autre s'obstine
Pour secourir les siens dedans l'occasion :
L'Oiseau royal, en cas de mine,
La Laie, en cas d'irruption.
La faim détruisit tout : il ne resta personne,
De la gent marcassine et de la gent aiglonne,
Qui n'allât de vie à trépas :
Grand renfort pour messieurs les Chats.
Que ne sait point ourdir une langue traîtresse
Par sa pernicieuse adresse !
Des malheurs qui sont sortis
De la boîte de Pandore.
Celui qu'à meilleur droit tout l'univers abhorre,
C'est la fourbe à mon avis.

La question posée est celle du comportement animal en cas de risque de famine. En cas de danger de ce type, arrive-t-il que les bébés soient mangés ?

Cette problématique me plonge instantanément dans un souvenir douloureux de mon enfance. Après avoir longuement harcelé mes parents, j'avais enfin eu le droit d'avoir un hamster, ce rongeur cauchemardesque pour les parents au même titre que le lapin nain, la souris blanche et le cochon d'Inde. Sans oublier le rat et la gerbille sournoisement trouvables dans les animaleries.

Le vendeur m'avait proposé une jolie femelle, bien ronde et je m'étais réjoui en constatant une semaine plus tard qu'elle avait donné naissance à six jolis petits asticots. Imaginez ma consternation quand je constatai, le lendemain de l'accouchement, qu'elle avait dévoré tous les petits ! Ce n'est que plusieurs années plus tard que j'ai compris que dans la nature comme en captivité, quand elles ne se sentent pas en sécurité ou quand elles n'ont pas assez à manger, les mères abandonnent ou dégustent leurs petits. Les ourses, les lionnes et même nos fidèles chiennes peuvent faire preuve de cannibalisme puerpéral.

J'avais trop manipulé les petits et la maman hamster qui ne reconnaissait plus ses bébés à leur odeur s'était sentie menacée et...

Normalement, dans les conditions naturelles, les populations animales restent stables d'une génération à l'autre, ce qui permet d'assurer pérennité et harmonie du biotope. La faim avec ses conséquences sur la survie fait partie des outils que la Nature emploie pour assurer cette régulation.

Lorsque les ressources alimentaires viennent à diminuer, voire carrément à manquer, les femelles maigrissent, arrêtent d'ovuler et de ce simple fait déclenchent une sorte de contraception en période de disette où elles ne pourraient pas nourrir leur portée. Ce mécanisme fait partie des hypothèses explicatives de l'anorexie, la fille qui se stérilise n'étant plus en compétition avec la mère pour la reproduction.

En règle, quand pour une raison ou pour une autre, en général climatique, les parents quand ils sont affamés, donc dénutris, soit abandonnent leurs petits, les éjectent du nid, soit les consomment.

Enfin, l'exemple le plus spectaculaire concerne les lemmings, ces sortes de hamsters qui vivent en Europe centrale. Leurs colonies, quand les conditions alimentaires sont favorables, peuvent exploser, menant à une surpopulation, source de famine. Alors, ils se mettent en route par milliers à la recherche de nouveaux territoires à conquérir, genre Attila. À ce moment, les fouines, les chats sauvages, les renards, les faucons, les hiboux augmentent le nombre de leurs portées ou de leurs œufs pour profiter de cette abondance et prélèvent des quantités notables des petits marcheurs.

Finalement, la troupe de lemmings parvient au bord de la mer qu'elle prend pour un fleuve, se jette à l'eau et... se noie, pour le plus grand bonheur des poissons et mammifères marins. Longtemps on a cru qu'il s'agissait d'un suicide collectif, style ordre du Temple solaire. En réalité, il s'agit d'une erreur d'interprétation.

Les humains ne sont pas en reste puisque, par exemple en Mauritanie, pays désertique de disette, le caractère plantureux des femmes leur permet de protéger la tribu ; en cas de famine, seules les grosses survivent, n'avortent pas, ne tarissent pas leur lait. C'est pour cette raison que dès qu'une fille avait ses règles, elle était confinée dans une tente et systématiquement engraissée. Ce n'est que lorsqu'elle atteignait le quintal qu'elle devenait nubile, donc épousable. Il semblerait que certaines tribus reculées du désert soient toujours dans cette logique, illustrée par le beau film *Le mariage de Verida* qui montre le gavage d'une jeune fille réalisant une terrible maltraitance alimentaire.

Je me souviens d'un guide marocain non politiquement correct, et clairement au premier degré, nous disant sans sourire, « chez nous les femmes sont comme chez vous les oies, nous les voulons – et les aimons – grasses et blanches ».

 **La Fontaine a ici raison !**

Le Chien à qui

Qu'ai-je fait, pour me voir ainsi
Mutilé par mon propre maître ?
Le bel état où me voici !
Devant les autres chiens oserai-je paraître ?
Ô rois des animaux, ou plutôt leurs tyrans,
Qui vous ferait choses pareilles ?
Ainsi criait Mouflar, jeune Dogue ; et les gens,
Peu touchés de ses cris douloureux et perçants,
Venaient de lui couper sans pitié les oreilles.
Mouflar y croyait perdre : il vit avec le temps
Qu'il y gagnait beaucoup ; car étant de nature
À piller ses pareils, mainte mésaventure
L'aurait fait retourner chez lui
Avec cette partie en cent lieux altérée ;
Chien hargneux a toujours l'oreille déchirée.
Le moins qu'on peut laisser de prise
Aux dents d'autrui
C'est le mieux. Quand on n'a qu'un endroit à défendre,
On le munit, de peur d'esclandre :
Témoin maître Mouflar armé d'un gorgerin,
Du reste ayant d'oreille autant que sur ma main ;
Un Loup n'eût su par où le prendre.

l’on a coupé les oreilles

L’animal est-il capable de se mutiler pour échapper à son prédateur ?

L’autotomie est une stratégie de défense adoptée par certains reptiles et certains invertébrés pour désorienter un prédateur, car une fois abandonné, le bout de queue du lézard – pour citer le plus connu – continue à gigoter pendant une heure, leurrant ainsi l’agresseur.

Quelques vertèbres sont en effet fêlées, ce qui facilite la section de l’appendice. La coupure concerne aussi les muscles, la moelle épinière et la peau ; les vaisseaux sanguins se contractent pour éviter l’hémorragie. Enfin, en deux mois la queue repousse, ou du moins un simulacre de queue se met en place, plus court, de couleur et de structure différentes.

En cas de nouvelle agression, comme cette nouvelle queue n’est pas prévue pour être sectionnée, le lézard devra la couper un peu plus haut. Néanmoins, certaines études laissent à penser qu’un reptile ainsi automutilé risque de vivre moins vieux que s’il était resté intact.

Pour ma part je frémis à l’idée que je puisse en cas de danger être obligé à la même chose... que le lecteur se rassure, je ne lui ferai pas un dessin ! À ce sujet d’ailleurs, un joli nudibranche appelé *Goniobranchus tinctorius* dispose d’un pénis jetable... je refrémis !

En cas de danger, l'holothurie ou concombre de mer est capable de s'éviscérer en éjectant ses organes internes, donnant ainsi à manger au méchant ! Au bout de quelques semaines de vie au ralenti, tout repousse.

Enfin, l'autospasie – à distinguer de l'autotomie – consiste à abandonner un appendice quand celui-ci est attrapé par un prédateur. Certains rongeurs peuvent ainsi perdre une partie de leur queue.

Quant à l'abeille, qui abandonne son aiguillon après avoir piqué un mammifère, elle en meurt ! C'est l'autospasie fatale.

Alors, si l'on s'en tient strictement à la fable :

La Fontaine a tort, le chien n'est pas capable d'autotomie et de perdre ses oreilles en cas d'attaque par le loup. Si l'on élargit la fable au règne animal :

La Fontaine a raison.

Je laisse au lecteur le soin de décider s'il a globalement **raison ou tort.**

Le Corbeau

Maître Corbeau, sur un arbre perché,
Tenait en son bec un fromage.
Maître Renard, par l'odeur alléché,
Lui tint à peu près ce langage :
Et bonjour, Monsieur du Corbeau,
Que vous êtes joli ! Que vous me semblez beau !
Sans mentir, si votre ramage
Se rapporte à votre plumage,
Vous êtes le Phénix des hôtes de ces bois.
À ces mots le Corbeau ne se sent pas de joie,
Et pour montrer sa belle voix,
Il ouvre un large bec, laisse tomber sa proie.
Le Renard s'en saisit, et dit : Mon bon Monsieur,
Apprenez que tout flatteur
Vit aux dépens de celui qui l'écoute.
Cette leçon vaut bien un fromage sans doute.
Le Corbeau honteux et confus
Jura, mais un peu tard, qu'on ne l'y prendrait plus.

La question posée est celle du mensonge, car il est clair que le goupil est un fieffé arracheur de dents !

La preuve ? Comme tout menteur, il prétend « sans mentir » ; c'est au nom du même procédé que les politiques des partis extrêmes, avides de dictature, que ce soit du prolétariat ou d'un quelconque führer, parlent sans arrêt de démocratie. Alors, la question que pose notre poète est bien : les animaux sont-ils capables de mentir sciemment et verbalement ?

Ne nous attardons pas sur les phasmes, ces insectes qui prétendent être des brindilles ou sur les papillons de nuit qui peignent sur leurs ailes des yeux de hiboux. Quand ils sont menacés, ils les déploient brutalement et le prédateur effaré se retrouve face à un dangereux bien que déguisé oiseau de nuit.

Certains poissons ont aussi des yeux à l'arrière de leur corps et, en cas d'attaque, ils partent dans le sens inverse qu'attendu. Mais il y a mieux en matière de tromperie.

Rendez-vous pour commencer dans une basse-cour expérimentale du CNRS. Un coq, pourtant pas le plus cortiqué des volatiles, y règne sans partage sur sa famille de poules et poussins. Un ingénieux dispositif de câbles et de poulies permet de faire apparaître dans le ciel différentes silhouettes en carton. Une pie ? Pas de réaction. Une corneille, une cigogne, un héron ? Rien. Une buse ? Branle-bas de combat !

Le coq émet un cri caractéristique et tout le monde court se mettre à l'abri. Une fois bien entraîné, le même Chanteclair est à nouveau installé, cette fois sans sa famille mais avec d'autres coqs non entraînés. Même séquence, pie, corneille, cigogne, héron et... buse. Notre coq repère le prédateur, ne dit rien et se met à l'abri, laissent ses concurrents face au mortel danger. Mensonge par omission ?

Le macaque est un polygame ; le mâle dominant surveille jalousement son harem. Ses guenons, dont nul ne sait si elles simulent, poussent des cris de jouissance quand il les honore.

Parfois, quand l'une d'entre elles se laisse séduire par un gentil mâle de passage, elle reste parfaitement silencieuse – et discrète – lors de l'accouplement. Mensonge et prudence sont décidément liés. Mais si par malheur un sbire du sultan surprend les amants et les dénonce – je n'invente rien –, l'histoire tourne le plus souvent au vinaigre, sauf qu'un système de médiation très élaboré permet ultérieurement de réconcilier les adversaires/rivaux.

La femelle bonobo est capable d'apprendre le langage des signes. Un jour, sa gardienne lui propose de faire le ménage de son enclos. À un moment, celle-ci lui dit, « ces clés m'encombrent, prends-les et pose-les quelque part ». Une fois le travail terminé, la gardienne demande à la guenon de lui rendre les clés. Celle-ci fait mine de les chercher et soi-disant ne les trouve pas.

La gardienne dit, « tant pis, j'ai un autre trousseau, nous les trouverons bien demain » ; elle quitte la cage en verrouillant la serrure. À peine a-t-elle tourné les talons que la rouée se précipite vers la cachette, prend les clés, ouvre la porte et... prend la poudre d'escampette !

Plus sophistiquée encore, la femelle chimpanzée repère parfois des fruits savoureux. Désireuse d'en garder l'exclusivité, elle va désigner à sa troupe d'autres fruits, bien moches, bien verts, très lointains, en poussant des cris de convoitise. Une fois éloignée la concurrence, elle peut enfin déguster les fruits défendus.

Le sommet du mensonge organisé est atteint par le cercopithèque. Observons une troupe de ces intelligents quadrumanes. Une petite femelle repère un œuf. Elle sait que si elle le ramasse, d'une part elle prendra une raclée et, d'autre part, elle se le fera voler. Alors elle émet une phrase – vous avez bien lu – composée de trois mots : « serpent venimeux proche ». Tout le monde détale. Notre petite guenon peut récolter l'œuf et s'en régaler en toute impunité sans compter qu'elle démontre sa capacité à émettre un discours volontairement erroné, se mettre à la place des autres et anticiper leurs réactions. Incroyable, non ?

La réponse est peut-être que le singe descend de l'homme et non l'inverse, puisqu'il a été montré que la lignée des gorilles et des chimpanzés a dérivé plus tard que la nôtre des préhominiens comme *Toumaï*.

Tous ces exemples permettent de comprendre que le mensonge est le fait des individus non dominants... Voilà pourquoi chez nous les humains, espèce malheureusement très patriarcale à l'exception d'une seule ethnie chinoise, ce sont les femmes qui mentent le plus souvent, question de survie.

Heureusement, les lignes ont commencé à bouger et il est facile aujourd'hui de constater dans le monde politique que les hommes mentent au moins aussi souvent que les femmes. Voire plus !

La Fontaine a donc raison, certains animaux sont parfois de fieffés menteurs, y compris les corbeaux et les renards !

Hou les vilains !

Le Chien qui porte à son

Certain Chien qui portait la pitance au logis
S'était fait un collier du dîné de son maître.
Il était tempérant plus qu'il n'eût voulu l'être
Quand il voyait un mets exquis :
Mais enfin il l'était et tous tant que nous sommes
Nous nous laissons tenter à l'approche des biens.
Chose étrange ! on apprend la tempérance aux chiens,
Et l'on ne peut l'apprendre aux hommes.
Ce Chien-ci donc étant de la sorte atourné,
Un Mâtin passe, et veut lui prendre le dîné.
Il n'en eut pas toute la joie
Qu'il espérait d'abord : le Chien mit bas la proie,
Pour la défendre mieux n'en étant plus chargé.
Grand combat : D'autres Chiens arrivent ;
Ils étaient de ceux-là qui vivent
Sur le public, et craignent peu les coups.
Notre Chien se voyant trop faible contre eux tous,
Et que la chair courait un danger manifeste,

Voulut avoir sa part. Et lui sage : il leur dit :
Point de courroux, Messieurs, mon lopin me suffit :
Faites votre profit du reste.
À ces mots le premier il vous happe un morceau.
Et chacun de tirer, le mâtin, la canaille,
À qui mieux mieux ; ils firent tous ripaille ;
Chacun d'eux eut part au gâteau. (...)

La question que pose cette fable est des plus originales : existe-t-il dans les sociétés animales une hiérarchie des convives ? Autrement dit, quand la table est mise, y a-t-il un ordre de préséance parmi les convives ?

Prenons l'exemple des porcelets. Le nombre de bébés, qui peut aller jusqu'à 10, 14, voire 20, excède parfois le nombre de tétines, normalement autour de 12-14. De plus, certaines tétines ont un meilleur débit que d'autres. Comme on peut s'y attendre, la compétition peut devenir féroce. Après un certain nombre de combats à la naissance, un ordre s'établit entre les bébés : le plus fort conquerra la meilleure tétine, le suivant, la deuxième meilleure tétine et ainsi de suite. Cet ordre hiérarchique des tétines sera le même tout au long de l'allaitement, les plus chétifs à la naissance n'ayant droit qu'aux moins bonnes tétines et risquant dès lors de ne pas croître correctement et même de mourir.

En Afrique, lorsqu'une bande de lionnes a réussi à tuer une proie, souvent elles doivent attendre la venue de leur seigneur et maître qui va se tailler la part... du lion ! Certaines commentatrices peu éthologues mais très féministes s'offusquent du machisme de ces félins, qui non seulement ne se donnent pas la peine de participer à la chasse mais en plus s'octroient les meilleurs morceaux. Elles n'ont pas compris que souvent les hyènes se ruent sur la carcasse de la proie et la dérobent aux lionnes, alors que la présence du mâle beaucoup plus puissant les dissuade d'un tel forfait. Là encore, une fois le lion repu, il existe une hiérarchie des lionnes, depuis la cheffe jusqu'aux femelles moins gradées jusqu'aux lionceaux. Ensuite, une fois les lions rassasiés, les autres charognards peuvent passer à table : les hyènes, les chacals, les vautours, les marabouts, les corbeaux, tout le monde se rue, mais là encore l'étiquette est stricte.

Si par exemple on observe les vautours, comme il en existe plusieurs espèces, certaines beaucoup plus grandes que d'autres, le vautour fauve passera en premier, le plus petit ou percnoptère devant patienter.

Et, à l'intérieur de chaque espèce, le plus fort des gypaètes barbus aura la meilleure place. Même s'ils acceptent de dévorer ensemble les carcasses animales, les charognards s'octroient les meilleurs morceaux selon la force de chacun.

La Fontaine a donc ici complètement raison, même en ce qui concerne le chien (sauvage).

Les deux

Deux pigeons s'aimaient d'amour tendre
L'un d'eux, s'ennuyant au logis,
Fut assez fou pour entreprendre
Un voyage en lointain pays.
L'autre lui dit : « Qu'allez-vous faire ?
Voulez-vous quitter votre frère ?
L'absence est le plus grand des maux :
Non pas pour vous, cruel ! Au moins, que les travaux,
Les dangers, les soins du voyage,
Changent un peu votre courage.
Encor, si la saison s'avançait davantage
Attendez les zéphyrs. Qui vous presse ? Un corbeau
Tout à l'heure annonçait malheur à quelque oiseau.
Je ne songerai plus que rencontre funeste,
Que faucons, que réseaux. Hélas, dirai-je, il pleut :
Mon frère a-t-il tout ce qu'il veut,
Bon soupé, bon gîte, et le reste ? »
Ce discours ébranla le cœur
De notre imprudent voyageur ;
Mais le désir de voir et l'humeur inquiète
L'emportèrent enfin. Il dit : « Ne pleurez point ;

Trois jours au plus rendront mon âme satisfaite ;
Je reviendrai dans peu conter de point en point
Mes aventures à mon frère ;
Je le désennuierai. Quiconque ne voit guère
N'a guère à dire aussi. Mon voyage dépeint
Vous sera d'un plaisir extrême. »
[...]
Demi-morte et demi boiteuse,
Droit au logis s'en retourna :
Que bien, que mal elle arriva
Sans autre aventure fâcheuse.
Voilà nos gens rejoints ; et je laisse à juger
De combien de plaisirs ils payèrent leurs peines.

L'homosexualité existe-t-elle dans le monde animal ?

En effet, si vous avez parcouru un peu trop vite cette fable, je vous invite à la relire plus attentivement et à trouver un petit détail que certainement votre maîtresse d'école ne vous a pas montré... cherchez encore... hé oui, les deux pigeons sont des garçons et ils sont manifestement gays. Vous pouvez vérifier, je suis formel et la dernière phrase est particulièrement claire, il ne s'agit manifestement pas d'amours platoniques.

Des dauphins mâles ont été observés qui se frottaient les uns aux autres, ainsi que des groupes de mâles d'orques, de lamantins, de girafes se livreraient à de véritables orgies (homo)sexuelles. Les manchots sont tellement semblables entre genres qu'ils arrivent à s'y perdre eux-mêmes.

En 2005, six manchots mâles de Humboldt du zoo de Bremerhaven (Allemagne) ont spontanément formé trois couples unisexuels et adopté des cailloux comme ersatz d'œufs. Les gardiens ont eu beau essayer d'introduire des femelles, les couples se sont maintenus contre blizzards et marées.

Au zoo de Manhattan (New York), les gardiens ont observé deux manchots mâles qui se frottaient l'un contre l'autre, se livraient à des simulacres de copulation, ont délimité un nid où ils ont placé un caillou qu'ils se sont mis à couver. Un œuf fécondé leur a alors été confié et les deux oiseaux s'en sont parfaitement occupés, au point que 34 jours plus tard Tango a éclos. Les deux pères adoptifs l'ont nourri à tour de rôle et l'ont réchauffé sous leurs plumes.

On ne sait pas ce qu'est devenu Tango et quelles furent par la suite ses orientations. Il semblerait par ailleurs que 8 % des moutons mâles d'un troupeau soient exclusivement homosexuels.

Les gorilles des montagnes ont parfois un comportement homosexuel apparemment exclusivement orienté sur la recherche du plaisir et de la tendresse. L'homosexualité des gorilles gays ne semble pas modifier leur statut. Une fois de plus en tout cas, les primates se montrent nettement plus ouverts et surtout plus tolérants que nous autres, pauvres humains !

L'apparence, les mimiques et la manière d'être de ces intelligents grands singes s'avèrent tellement proches des nôtres que cela en devient dérangeant, à tel point que la célèbre primatologue Diane Fossey qui avait observé ce comportement n'y a consacré que très peu de lignes, fort discrètes au demeurant.

Ces grands primates sont également capables d'homosexualité féminine. Les guenons s'accouplent, vulve contre vulve ou bien se frottent contre le dos de l'autre ; elles prennent soin de le faire en cachette de leur seigneur et maître, le dos argenté. On ne sait pas encore ce qui peut advenir si elles sont prises en flagrant délit par le chef. Ferme-t-il les yeux ou, au contraire, sévit-il ? Tout cela ne serait-il que les jeux de l'amour ?

D'ordinaire, l'oie domestique vit en harem sous la férule d'un jar. Dans 20 % des cas, ce sont deux filles qui se lient d'amour tendre, deviennent strictement monogames, fidèles, ne se quittent plus… et forcément snobent le boss. Pourtant, elles finissent par être travaillées par un désir de maternité.

Alors, comme cela arrive aussi dans notre espèce, chacune des deux se sacrifie et se fait couvrir par leur sultan légitime… Elles font alors nid commun, couvent à tour de rôle et élèvent ensemble leurs oisons. Difficile de ne pas tirer des conclusions anthropomorphiques dans ce cas.

Des dauphines[11] se prennent parfois à exécuter une danse à la fois sensuelle et voluptueuse où la nageuse du dessous caresse et pénètre de son aileron dorsal celle qui se trouve au-dessus.

Les lézardes[12] *Cnemidophorus* composent une des espèces les plus surprenantes dans ce domaine puisque, depuis un temps immémorial, les mâles ont disparu de leurs rangs, ce qui ne les empêche pas de proliférer grâce à un mécanisme de reproduction sexuée sans fécondation[13]. Elles pondent des œufs, véritables clones d'elles-mêmes qui ne peuvent donc plus donner naissance qu'à des femelles, le chromosome Y de l'espèce étant définitivement perdu. Néanmoins, elles ont besoin pour ovuler d'être stimulée par un accouplement d'allure plus classique, même s'il ne s'agit pas en l'occurrence de la position du missionnaire. Du coup, ce sont d'autres femelles qui remplacent les mâles disparus, la position sur le dessus ou au-dessous dépendant de leur statut hormonal. Nostalgie du bon vieux temps ?

Le lecteur conviendra qu'il convient ici que je reste sur une position aussi scientifique que possible et que je ne projette pas mes fantasmes de mâle sur ces reptiles, comment dire, frustrants.

S'il les avait connus, Freud aurait sans doute qualifié les bonobos de pervers polymorphes : masturbation, hétéro, homo, bisexualité, tournantes, partouzes et même pédophilie forment leur quotidien. Les mâles comme les femelles s'adonnent fréquemment à des relations avec le même sexe ou avec le sexe opposé, que les individus soient matures et immatures.

La moitié environ de leurs étreintes sont réalisées avec des individus du même sexe. La pratique du sexe leur permet à la fois un apaisement des tensions, d'autre part sert une sorte de pédagogie. Si une troupe de bonobos découvre une friandise particulièrement appétissante, il faudra de longues négociations pour savoir qui y aura droit à quoi et dans quel ordre. Tout ce petit monde se rassemble donc pour des « discussions » où le sexe occupe une place prépondérante. C'est grâce à ce qu'un observateur puritain qualifierait d'orgies sexuelles que l'excitation du groupe s'estompe pour céder la place à un partage non belliqueux, pour ne pas dire serein.

Certains individus pourtant manifestent un intérêt exclusif envers des partenaires du même sexe. Ce comportement demeure énigmatique à ce jour. Ni plus ni moins que chez nous.

De très nombreuses espèces – insectes, crustacés, poissons, oiseaux, reptiles, mammifères… – ont des pratiques largement bisexuelles. La sexualité exclusive s'avère finalement assez rare dans la nature et la diversité des comportements serait largement privilégiée par l'évolution.

Il existe même des transgenres, ce cas de figure étant beaucoup moins rare qu'on ne pense. Il s'agit en réalité d'une forme d'hermaphrodisme, les animaux ayant le potentiel des deux sexes mais ne les exprimant pas en même temps ; ces animaux sont dits des protérogynes s'ils sont d'abord femelles et deviennent ensuite des mâles, ou protérandres si c'est le contraire.

Citons entre autres l'escargot, la coquille Saint-Jacques, la cochenille, le lombric, l'huître plate, la grenouille, la crépidule (*Patella fornicata* : une bête de sexe, forcément), le poisson clown et même certains reptiles, comme par exemple la tortue d'eau douce.

Les mérous sont des poissons très pragmatiques : jusqu'à 4 ans, ils sont indéterminés ou neutres, ensuite ils deviennent des femelles qui plus tard se transforment en mâles, surtout s'il y a un manque de dominants, et ce jusqu'à la fin de leur longue vie (80 ans).

Le lecteur, j'en suis sûr, a déjà tiré sa conclusion : **La Fontaine a entièrement raison dans cette fable...** enfin... sauf que même si l'immense majorité des espèces animales s'adonnent à l'homosexualité, on n'a encore jamais observé de pigeon(.ne) homosexuel(.le) !

Le Chien qui lâche

Chacun se trompe ici-bas.
On voit courir après l'ombre
Tant de fous qu'on n'en sait pas
La plupart du temps le nombre.
Au chien dont parle Ésope il faut les renvoyer.
Ce Chien, voyant sa proie en l'eau représentée,
La quitta pour l'image, et pensa se noyer ;
La rivière devint tout d'un coup agitée.
À toute peine il regagna les bords,
Et n'eut ni l'ombre ni le corps.

Malgré son extrême brièveté, cette fable pose deux types de questions : d'une part la capacité des animaux à fabriquer des leurres et d'autre par leur faculté de reconnaître leur propre image dans un reflet.

Leurres

De nombreux animaux sont capables de se faire passer pour ce qu'ils ne sont pas, à l'image de ces papillons qui se déguisent en serpents, ou de ceux qui jouent les hiboux. Néanmoins et sans conteste, ce sont les seiches qui sont les maîtres en la matière. Les lézards qui sacrifient leur queue, laquelle continue à frétiller alors qu'elles sont séparées de leur propriétaire, attirant ainsi l'attention du chat ou de tout autre prédateur, en est un autre exemple.

On ne peut que s'émerveiller devant l'habileté de ces céphalopodes, lorsqu'ils sont menacés, à projeter un nuage d'encre à distance, épousant *grosso modo* leur propre forme et ainsi à désorienter leur agresseur qui se jette sur cette sorte de double virtuel. Chez nous, dans le monde politique, Jean-Luc Mélenchon, avec sa campagne électorale où il a réussi à parler à son public dans plusieurs endroits à la fois en créant des hologrammes de lui-même peut être considéré comme le premier politique français à avoir inauguré une communication de seiche... capable de sécher son public !

Revenons au test du miroir évoqué dans le précédent chapitre

On a longtemps pensé que l'animal n'avait pas de conscience de soi. Il aura fallu une série d'expériences éthologiques (test de Gallup) pour s'apercevoir du contraire. D'abord les bonobos, puis les chimpanzés, les grands dauphins, les éléphants d'Asie, les orangs-outans, les macaques, les orques, les cochons, les perroquets gris du Gabon, les pies bavardes.

Le test est simple : on fait une tache de couleur sur la tête de l'animal ; celle-ci doit être bien visible mais ne pas avoir d'odeur et ne pas être gênante. Si le sujet essaie de tourner la tête, de l'avancer, la fléchir pour mieux la voir ou même d'essayer de l'enlever sur lui-même en se grattant, c'est qu'il a compris que c'est bien de lui qu'il s'agit.

Quant aux gorilles, le test est plus compliqué, car chez eux se regarder directement et à faible distance dans les yeux est une provocation brutale. Ils évitent donc de le faire devant leur reflet. En revanche, si on remplace le miroir par un système vidéo en live et qu'ils peuvent se voir dans un écran, ils sont immédiatement intéressés et inspectent longuement différentes parties de leur corps inaccessibles autrement comme par exemple l'intérieur de la bouche.

À l'inverse, les chiens, les chats, les hamsters, les biches, bref la plupart des mammifères, échouent au test, sauf que les chats âgés placés devant un miroir à qui on présente sournoisement un animal dangereux derrière eux, et qui l'aperçoivent dans le miroir, réagissent comme s'ils comprenaient que le prédateur était près d'eux dans la vraie vie.

À part les vieux matous, tous ces animaux placés devant un miroir, soit s'en désintéressent, soit l'agressent violemment, soit vont voir derrière si cette image est bien un être vivant. Les chimpanzés mettent quelques minutes avant de comprendre qu'il s'agit bien d'eux, alors que les labres nettoyeurs ont besoin de plusieurs jours pour réussir leur test : les chercheurs leur injectent sous la peau soit un pigment coloré soit un liquide transparent et installent un miroir dans l'aquarium.

Ceux qui ont une tache colorée tentent de l'enlever en se frottant contre le sol alors que ceux qui n'ont pas de tache visible ne font rien, ce qui montre que ce n'est pas la douleur du point d'injection qui les motive, mais bien la couleur inhabituelle sur leur corps.

De même, ils ne font rien s'il n'y a pas de miroir. À l'inverse du labre, le poisson combattant mâle s'épuisera à attaquer cet autre mâle vu dans le miroir. Enfin, mes préférés, les poulpes, réussissent le test du miroir avec succès, confirmant encore une fois leur incroyable intelligence.

Un anthropologue, François Lupu, qui a vécu dans les années soixante-dix dans une tribu isolée de Papouasie me décrivait leur surprise quand ils ont vu des photos de leur groupe prises avec un appareil polaroïd. Ils ne disposaient pas de miroir à l'époque et, vivant au milieu de marais boueux, ils ne pouvaient pas se mirer dans une eau claire. Une fois passé le moment de stupéfaction, ils arrivaient à s'identifier sur la photo en procédant par déduction puisque chacun d'entre eux était le seul inconnu du groupe et qu'en plus ils se souvenaient de la place qu'ils occupaient en posant pour la photo. Il semblerait que l'assomption jubilatoire ait été vraiment palpable à la hauteur de tout le groupe !

Tout ceci fait poser la question de la théorie de l'esprit chez l'animal. Il s'agit de la capacité de se représenter les états mentaux d'autrui et d'utiliser ces représentations afin d'expliquer ou de prédire leur comportement. Il s'agit donc, pour chacun de nous, de se forger une théorie sur la pensée des autres.

L'humain, dans son incommensurable fatuité, a longtemps considéré qu'il était le seul à détenir cette capacité. Pourtant, cette reconnaissance de l'autre devenu soi dans le miroir, ajoutée à l'histoire de cette petite guenon menteuse délivrant un message erroné au groupe et anticipant sa réaction montre que la théorie de l'esprit n'est pas un propre de l'homme. En restera-t-il un seul si l'on considère que tous, les uns après les autres, disparaissent ?

Même les cochons se mettent de la partie en la matière en montrant qu'ils sont capables de mentir comme les singes : ils sont en effet capables de faire semblant de ne pas connaître la cachette de nourriture lorsqu'ils sont en présence d'autres cochons, afin d'éviter que ceux-ci ne la leur fauchent. Ils peuvent même manipuler une manette d'ordinateur et de commander un curseur à l'écran, démontrant des facultés cognitives comparables à celles du chimpanzé.

Le cochon est un homme pour le cochon !

Pour finir, La Fontaine a tort, car le chien ne s'intéresse pas du tout aux reflets, que ce soit dans le miroir ou dans l'eau !

Le Chat

J'ai lu chez un conteur de Fables,
Qu'un second Rodilard, l'Alexandre des Chats,
L'Attila, le fléau des Rats,
Rendait ces derniers misérables :
J'ai lu, dis-je, en certain Auteur,
Que ce Chat exterminateur,
Vrai Cerbère, était craint une lieue à la ronde :
Il voulait de Souris dépeupler tout le monde.
Les planches qu'on suspend sur un léger appui,
La mort aux Rats, les Souricières,
N'étaient que jeux au prix de lui.
Comme il voit que dans leurs tanières
Les Souris étaient prisonnières,
Qu'elles n'osaient sortir, qu'il avait beau chercher,
Le galant fait le mort, et du haut d'un plancher
Se pend la tête en bas : la bête scélérate
À de certains cordons se tenait par la patte.
Le peuple des Souris croit que c'est châtiment,
Qu'il a fait un larcin de rôt ou de fromage,

Égratigné quelqu'un, causé quelque dommage,
Enfin qu'on a pendu le mauvais garnement.
Toutes, dis-je, unanimement
Se promettent de rire à son enterrement,
Mettent le nez à l'air, montrent un peu la tête,
Puis rentrent dans leurs nids à rats,
Puis ressortant font quatre pas,
Puis enfin se mettent en quête.
Mais voici bien une autre fête :
Le pendu ressuscite ; et sur ses pieds tombant,
Attrape les plus paresseuses.
« Nous en savons plus d'un, dit-il en les gobant :
C'est tour de vieille guerre ;
Et vos cavernes creuses,
Ne vous sauveront pas, je vous en avertis :
Vous viendrez toutes au logis. »
Il prophétisait vrai : notre maître Mitis
Pour la seconde fois les trompe et les affine,
Blanchit sa robe et s'enfarine,

Et de la sorte déguisé,
Se niche et se blottit dans une huche ouverte.
Ce fut à lui bien avisé :
La gent trotte-menu s'en vient chercher sa perte.
Un Rat, sans plus, s'abstient d'aller flairer autour :
C'était un vieux routier, il savait plus d'un tour ;
Même il avait perdu sa queue à la bataille.
« Ce bloc enfariné ne me dit rien qui vaille,
S'écria-t-il de loin au Général des Chats.
Je soupçonne dessous encor quelque machine.
Rien ne te sert d'être farine ;
Car, quand tu serais sac, je n'approcherais pas. »
C'était bien dit à lui ; j'approuve sa prudence :
Il était expérimenté,
Et savait que la méfiance
Est mère de la sûreté.

Le questionnement est original : les animaux sont-ils capables de faire le mort ?

Pour avoir la réponse, il vous suffit cher lecteur de faire un tour dehors et d'attraper une coccinelle. Ou un cloporte, et de gentiment le manipuler. Immédiatement, l'insecte se figera et ne se réanimera qu'une fois tout danger éloigné.

Les hérissons sont également capables de ce genre de comportement d'immobilité. Les cochons d'Inde, la caille du Japon, le requin citron, certaines couleuvres et certaines grenouilles font de même.

L'opossum est sans conteste champion en la matière, car non seulement il simule son trépas de manière plus que réaliste, gisant sur le dos, bouche ouverte, langue pendante, mais en plus son anus libère des substances dont l'odeur est... cadavérique.

Donc, La Fontaine aurait raison, sauf que dans ces exemples il s'agit de proies, pas de prédateurs comme le chat de la fable.

Certaines araignées mâles, pour éviter d'être croqués par leur redoutable partenaire, offrent en cadeau à celle-ci une belle mouche bien grasse et surtout emmaillotée dans un interminable fil de soie bien résistante. Et à ce moment, il fait le mort... et attend que la maritorne soit bien concentrée sur son travail d'ouverture de l'emballage du cadeau et au moment propice, il sort de son immobilité et... ma virginale pudeur m'empêche de décrire la suite torride.

Mais là encore il s'agit de stratégies destinées à éviter d'être dévoré.

Quand il se sent menacé, le fourmilion, un insecte particulièrement féroce, peut faire le mort pendant plus d'une heure !

Existe-t-il à l'inverse, et comme dans la fable, des carnivores capables de simuler la mort pour mieux surprendre leurs proies ?

Je conseillerai ici au lecteur d'aller par exemple à La Réunion et d'enfiler son masque et son tuba afin d'observer la vie au fond de l'eau, près des côtes. Ensuite, il lui faudra repérer – et ce n'est pas facile – un poisson-pierre, autrement appelé *synancée.*

Ce roi du mimétisme est non seulement capable d'adopter parfaitement les couleurs et les formes de son environnement, mais en plus il est si immobile que, quand une malheureuse proie, crevette, poisson, poulpe, passe à proximité, il ouvre une large gueule et aspire sa victime dans un des mouvements les plus rapides du monde animal.

Il trouve aussi le moyen d'être une des créatures les plus venimeuses de la planète !

Cependant, le lecteur perspicace pourra me rétorquer que le poisson-pierre est immobile mais qu'il ne fait pas le mort. Il ne fait que se déguiser en pierre.

Plus proche de nous, il arrive au renard de se transformer en cadavre pour mieux surprendre ses proies devenues sans méfiance.

De nombreux lièvres en ont fait la cruelle expérience. Néanmoins, je ne suis pas parvenu à repérer d'autres prédateurs capables de ce genre de comportement.

La thanatose ou capacité à simuler la mort n'est donc pas totalement l'apanage des proies, mais presque, et donc, grâce au rusé goupil, **La Fontaine a raison.** Mais en ce qui concerne le chat**, il a tort.**

L'Araignée

Ô Jupiter, qui sus de ton cerveau,
Par un secret d'accouchement nouveau,
Tirer Pallas, jadis mon ennemie,
Entends ma plainte une fois en ta vie.
Progné[14] *me vient enlever les morceaux*
Caracolant, frisant l'air et les eaux
Elle me prend mes mouches à ma porte
Miennes je puis les dire ; et mon réseau
En serait plein sans ce maudit oiseau ;
Je l'ai tissu de matière assez forte.
Ainsi, d'un discours insolent,
Se plaignait l'Araignée autrefois tapissière,
Et qui, lors étant filandière,
Prétendait enlacer tout insecte volant.
La sœur de Philomèle, attentive à sa proie,
Malgré le bestion happait mouches dans l'air,
Pour ses petits, pour elle, impitoyable joie,
Que ses enfants gloutons, d'un bec toujours ouvert,
D'un ton demi-formé, bégayante couvée,
Demandaient par des cris encor mal entendus.
La pauvre Aragne n'ayant plus

Que la tête et les pieds, artisans superflus,
Se vit elle-même enlevée.
L'Hirondelle en passant emporta toile, et tout,
Et l'animal pendant au bout,
Jupin pour chaque état mit deux tables au monde.
L'adroit, le vigilant, et le fort sont assis
À la première ; et les petits
Mangent leur reste à la seconde.

La question posée est : est-il vrai que les oiseaux ne peuvent pas être pris dans des toiles d'araignée ?

L'araignée est un prédateur redoutable, le plus souvent en tant que chasseur à l'affût, capable pendant des jours et des jours d'attendre qu'une proie se prenne dans sa toile imbibée de colle, laquelle toile est constituée de fils de soie d'une résistance que l'homme n'a pas encore réussi à égaler.

Son rôle est essentiel car sans elle, en quelques jours, notre pauvre planète serait entièrement recouverte d'une épaisse couche de mouches. J'ai bien dit de mouches, pas de pigeons ou de cigognes ! Sous nos latitudes en effet, seuls les insectes sont concernés et de mémoire d'Européen, aucune observation d'oiseau capturé, même de roitelet ou de troglodyte mignon, les plus petits de nos volatiles, n'a jamais été réalisée.

Sous cet angle, **La Fontaine a parfaitement raison** et dans nos granges et étables, les hirondelles balaient d'un coup d'aile les araignées et leurs toiles.

En revanche, si l'on se promène ailleurs que dans nos régions tempérées, notamment dans les forêts tropicales, les choses sont bien différentes et au moins soixante-neuf cas impliquant cinq genres d'araignées (*Nephila, Mastophora, Argiope, Neoscona, Araneus*) et 54 espèces d'oiseaux ont été documentés. La plupart du temps, ce sont les oiseaux mouches, malheureusement bien nommés en l'occurrence, qui sont capturés et dévorés. Les zosterops peuvent également figurer au menu de certains très gros arachnides.

Plus fort encore, certaines araignées sont capables de dévorer non seulement des oiseaux, mais aussi des grenouilles, des serpents et même des chauves-souris et des petits rongeurs. Un petit détail cependant, les araignées capables de ce genre d'exploit ne tissent pas de toile mais attrapent leurs proies en restant à l'affût. C'est l'araignée

Goliath, la plus grosse mygale du monde, qui arrive ainsi à peupler nos cauchemars au point que si j'étais elle, je me présenterais sans hésiter à un casting de film d'horreur.

Dans ce cas particulier et si on accepte de se transporter ailleurs qu'en Europe, **La Fontaine a tort.**

Juste pour le fun et toujours en matière – si j'ose dire – de camouflage de la part des araignées, il convient d'évoquer le cas de cet étrange individu qui trouve moyen de se déguiser en fiente. Vous avez bien lu ! La couleur argentée de l'araignée orb-web qui vient orner une toile blanche et soyeuse la font étonnamment ressembler à un excrément d'oiseau, ce qui selon certains scientifiques pourrait lui permettre d'échapper à son prédateur naturel, la guêpe, qui serait, paraît-il, assez dégoûtée ! La guêpe souffrirait-elle d'un TOC de propreté ?

En conclusion, ici, sous nos latitudes, La Fontaine a raison mais ailleurs, en particulier sous les tropiques, il a tort.

La Belette entrée

Damoiselle Belette, au corps long et
fluet, entra dans un grenier par un trou
fort étroit :
Elle sortait de maladie.
Là, vivant à discrétion,
La galante fit chère lie,
Mangea, rongea : Dieu sait la vie,
Et le lard qui périt en cette occasion.
La voilà pour conclusion
Grasse, mafflue et rebondie.
Au bout de la semaine, ayant dîné son soûl,
Elle entend quelque bruit, veut sortir par le trou,
Ne peut plus repasser, et croit s'être méprise.
Après avoir fait quelques tours,
« C'est, dit-elle, l'endroit, me voilà bien surprise ;
J'ai passé par ici depuis cinq ou six jours. »
Un Rat, qui la voyait en peine
Lui dit : « Vous aviez lors la panse un peu moins pleine.
Vous êtes maigre entrée, il faut maigre sortir.
Ce que je vous dis là, l'on le dit à bien d'autres.
Mais ne confondons point, par trop approfondir,
Leurs affaires avec les vôtres. »

dans un grenier

La principale question posée ici est : arrive-t-il que des animaux entrent en un lieu et n'en puissent plus ressortir, quelle qu'en soit la raison ?

Comme d'habitude, notre Poète fait preuve de son inculture en matière de nutrition animale. Pas plus que la cigale qui ne mange ni mouche ni vermisseau, la belette ne se nourrit que de petits animaux vivants, essentiellement des rongeurs, quelques insectes, rarement des œufs ou des oiseaux au nid, en aucun cas du lard mentionné dans la fable !

Le premier exemple est celui des plantes carnivores. Oublions les dionées ou attrape-mouches de Vénus, ces pièges colorés dont les chatouilleuses raquettes se referment sur l'insecte imprudent avant de le digérer. Intéressons-nous plutôt aux sarracenias en forme d'urnes dont la séduisante odeur phéromonale attire les insectes qui choient dans une urne aux parois glissantes et tapissées de poils ramenant l'animal vers le bas ; la malheureuse proie se retrouve piégée inexorablement dans un traquenard liquide qui lentement les désagrège et s'en nourrit. De surcroît, des poils glissants et dirigés vers le bas empêchent les malheureux arthropodes, araignées, mille-pattes et autres insectes de sortir de cet abominable guêpier.

Si l'on s'intéresse au cycle de reproduction d'un autre charmant insecte de quelques millimètres à peine, je veux parler de la guêpe agaonide, on constate que la femelle dépose ses œufs dans la figue mâle dont la forme facilite l'accueil des larves de ces insectes mais les ailes et les antennes du diptère se cassent lorsqu'elle pénètre dans la figue, ce qui l'empêche à jamais d'en ressortir.

Les pêcheurs pour leur part ont exploité ce genre de souricière, de panneau, je veux dire de guet-apens en inventant la nasse, ce piège en osier où le poisson entre sans problème mais n'en peut plus ressortir. Pourtant, ce n'est pas exactement ce que décrit La Fontaine qui évoque un changement de morphologie de l'animal – en l'occurrence une prise de poids – qui impitoyablement le cloître dans le grenier.

Un seul exemple me vient à l'esprit : le piège à singes qui est utilisé en Afrique comme au Brésil pour attraper et manger ces animaux. Confectionnez une boîte munie d'une ouverture de la taille d'une main de singe étendue. Ladite boîte est solidement fixée au tronc de l'arbre. Placez-y une friandise comme par exemple une banane. L'animal va glisser sa main dans la fente, la refermer sur le fruit et ne pourra plus la ressortir car son poing fermé est trop gros pour repasser dans l'autre sens.

Comment se fait-il qu'un animal aussi intelligent que celui-ci soit incapable de comprendre et d'ouvrir la main, quitte à perdre sa nourriture ?

Pourquoi n'arrive-t-il pas à lâcher prise, quitte à y perdre la vie ou la liberté ?

Pour tenter de comprendre ce paradoxe, observons un autre primate, le petit d'homme, autrement dit le bébé. Dès la naissance, il est capable de *grasping* ; pour appréhender ce réflexe archaïque, il suffit de placer son index dans sa menotte et aussitôt il la refermera tout en se montrant incapable de le relâcher volontairement et ce, en général jusqu'à l'âge de six mois où enfin il sera devenu maître de sa préhension.

Il s'agit probablement d'une survivance de l'époque où nos mères se déplaçaient en permanence et que nous nous accrochions solidement à leur fourrure avec nos poings. Cette fonction est devenue inutile avec la chute de nos poils et l'invention du porte-bébé et de la poussette mais elle reste indispensable chez les singes arboricoles à la fois velus et mobiles. D'où la persistance beaucoup plus prolongée chez eux du *grasping*.

Enfin, si l'on observe le comportement d'un autre bipède appelé *Homo sapiens,* adulte cette fois, on peut constater que cette fois-ci notre grand Jean a parfaitement raison. Il suffit de s'embusquer discrètement dans un *fast-food* et d'épier le comportement de l'étrange faune qui fréquente ce genre d'établissement. Le piège se met en place très tôt pour attirer des victimes très jeunes en leur proposant par exemple des babioles colorées ou bien grâce à une effigie de clown très souriant ; parallèlement, une nourriture grasse et sucrée appelée *junkfood* est sournoisement placée dans l'assiette du bambin ravi.

Au bout de quelques passages dans ce terrible guet-apens, les petits d'hommes réclament de plus en plus fort ce type de nourriture-friandise souvent présentée par les parents comme une sorte de récompense, créant ainsi un cycle infernal : « plus je mange ce type d'aliments, plus je grossis et plus je grossis, plus j'en redemande ».

Le résultat est parfois spectaculaire. L'homme le plus lourd de tous les temps a vécu à Seattle dans l'état de Washington, aux USA ; il a atteint le poids incroyable de 635 kilos, a perdu 419 kilos au bout de 16 mois d'hospitalisation ; malheureusement, une fois sorti de l'hôpital, il est retombé dans le même traquenard, a repris le double de son poids.

S'étant à nouveau piégé lui-même, il ne pouvait plus sortir de la pièce, pas même du gigantesque lit-piège où il s'était confiné, façon belette ou capucin, sa presque unique activité consistant à se gaver à en mourir, et effectivement à quitter la scène à l'âge de 42 ans.

La Fontaine a encore une fois relativement raison. La fermeture du poing est bien un changement de morphologie qui empêche l'animal de sortir du piège.

Les obsèques

La femme du Lion mourut.
Aussitôt chacun accourut
Pour s'acquitter envers le Prince
De certains compliments de consolation,
Qui sont surcroît d'affliction.
Il fit avertir sa Province
Que les obsèques se feraient
Un tel jour, en tel lieu ; ses Prévôts y seraient
Pour régler la cérémonie,
Et pour placer la compagnie.
Jugez si chacun s'y trouva.
Le Prince aux cris s'abandonna,
Et tout son antre en résonna.
Les Lions n'ont point d'autre temple.
On entendit à son exemple
Rugir en leurs patois Messieurs les Courtisans.
Je définis la cour un pays où les gens
Tristes, gais, prêts à tout, à tout indifférents,
Sont ce qu'il plaît au Prince, ou s'ils ne peuvent l'être,
Tâchent au moins de le paraître,
Peuple caméléon, peuple singe du maître,
On dirait qu'un esprit anime mille corps ;
C'est bien là que les gens sont de simples ressorts.

Pour revenir à notre affaire
Le Cerf ne pleura point, comment eût-il pu faire ?
Cette mort le vengeait ; la Reine avait jadis
Étranglé sa femme et son fils.
Bref il ne pleura point. Un flatteur l'alla dire,
Et soutint qu'il l'avait vu rire.
La colère du Roi, comme dit Salomon,
Est terrible, et surtout celle du roi Lion :
Mais ce Cerf n'avait pas accoutumé de lire.
Le Monarque lui dit : Chétif hôte des bois
Tu ris, tu ne suis pas ces gémissantes voix.
Nous n'appliquerons point sur tes membres profanes
Nos sacrés ongles ; venez Loups,
Vengez la Reine, immolez tous
Ce traître à ses augustes mânes.
Le Cerf reprit alors : Sire, le temps de pleurs
Est passé ; la douleur est ici superflue.
Votre digne moitié couchée entre des fleurs,
Tout près d'ici m'est apparue ;
Et je l'ai d'abord reconnue.
Ami, m'a-t-elle dit, garde que ce convoi,
Quand je vais chez les Dieux, ne t'oblige à des larmes.
Aux Champs Élysiens j'ai goûté mille charmes,

Conversant avec ceux qui sont saints comme moi.
Laisse agir quelque temps le désespoir du Roi.
J'y prends plaisir. À peine on eut ouï la chose,
Qu'on se mit à crier : Miracle, apothéose !
Le Cerf eut un présent, bien loin d'être puni.
Amusez les Rois par des songes,
Flattez-les, payez-les d'agréables mensonges,
Quelque indignation dont leur cœur soit rempli,
Ils goberont l'appât, vous serez leur ami.

La question posée est celle de la capacité des animaux à comprendre leur propre mort, celle de leurs semblables et éventuellement d'organiser des funérailles et même, pourquoi pas, un culte des morts[14].

Quand on voit l'indifférence d'un troupeau de gnous qui contemple en mâchonnant les lions en train de déguster l'un des leurs, on se dit que non, décidément, ces animaux-là ne savent pas ce que mourir signifie.

Et pourtant !

Il faut tout d'abord comprendre que dans la nature la mort dite naturelle n'existe pas, car dès que des signes de faiblesse apparaissent – maladie, handicap, vieillissement –, il se trouve toujours un carnivore pour passer à l'action.

Nos proches cousins, les chimpanzés et les gorilles, ont été observés en zoo, le seul lieu où il est possible de mourir de vieillesse et pas sous les crocs d'un prédateur : une très vieille femelle chimpanzée sentant sa fin prochaine. Elle est entourée des siens qui se montrent particulièrement calmes et attentionnés, la toilettant très fréquemment et allant même jusqu'à dormir à ses côtés. Au moment précis de l'agonie, ils semblent surveiller les signes vitaux, et quand l'aïeule trépasse ils la secouent à plusieurs reprises, sans doute pour être bien certains. Enfin, le groupe arrive au constat « officiel » de décès.

Pendant les deux semaines qui suivent, les singes se montrent plus contenus et mangent moins que d'habitude. Parfois, une sorte de veillée funèbre est organisée, les sœurs de la défunte restant toute la nuit près du cadavre. L'éthologue des gorilles, Jörg Hess, décrit pour sa part « toute la gamme du deuil observée chez les humains ».

Même si les légendaires cimetières des éléphants n'ont jamais existé, ce sont cependant ces pachydermes qui mettent le mieux en scène la conscience de la mort de soi, celle de l'autre et quelque chose qui ressemble à un rituel de funérailles.

Lorsqu'une matriarche approche de la mort, ses filles, qui ont passé toute leur vie avec elle et ont développé des liens très forts, l'entourent, la soutiennent, épaule contre épaule, la nourrissent, la protègent, et quand enfin la mort la transforme en cadavre, elles l'enterrent en la recouvrant de branchages, de feuilles, de terre.

Souvent, elles forment une sorte de procession circulaire autour du monticule ainsi formé. Enfin, le groupe repart pour sa migration annuelle, mais chaque année, lorsque la harde repasse, elle repère les « bons » ossements, les rassemblent, parfois même les transportent encore pour une procession funèbre, sans jamais se tromper de squelette.

Là encore, je sais que je serai taxé d'anthropomorphisme, mais comment nommer autrement que rituel funéraire un tel comportement ?

Enfin, la seule fois où la question a été posée à un non-humain, en l'occurrence le gorille Koko, entraîné à parler en langage des signes, a été publiée en 1984 dans le journal *Gorilla*. Voici leur dialogue :

« Où vont les gorilles quand ils meurent ?
— Confortable trou adieu.
— Quand est-ce que les gorilles meurent ?
— Soucis, vieux.
— Comment les gorilles se sentent-ils quand ils meurent, heureux, tristes, effrayés ?
— Dormir. »

Ah, être un gorille, dans une prochaine vie... La Fontaine a donc raison !

P.S. Toute sa vie le Poète a cherché à gagner les faveurs du roi Soleil, et toute sa vie il a gaffé et ruiné ses efforts ; écrire : « Amusez les Rois par des songes, flattez-les, payez-les d'agréables mensonges, (...) Ils goberont l'appât, vous serez leur ami. » Il me semble qu'il aurait pu trouver plus habile...

Le Cerf

En pays pleins de Cerfs un Cerf tomba malade.
Incontinent maint camarade
Accourt à son grabat le voir, le secourir,
Le consoler du moins : multitude importune.
Eh ! Messieurs, laissez-moi mourir.
Permettez qu'en forme commune
La Parque m'expédie, et finissez vos pleurs.
Point du tout : les Consolateurs
De ce triste devoir tout au long s'acquittèrent ;
Quand il plut à Dieu s'en allèrent.
Ce ne fut pas sans boire un coup,
C'est-à-dire sans prendre un droit de pâturage.
Tout se mit à brouter les bois du voisinage.
La pitance du Cerf en déchut de beaucoup ;
Il ne trouva plus rien à frire.
D'un mal il tomba dans un pire,
Et se vit réduit à la fin
À jeûner et mourir de faim.
Il en coûte à qui vous réclame,
Médecins du corps et de l'âme.
Ô temps, ô mœurs ! J'ai beau crier,
Tout le monde se fait payer.

malade

La question posée par La Fontaine est assez tragique : que deviennent les animaux sauvages en fin de vie ? Comment meurt-on quand on est un animal sauvage ?

Observons un groupe de lionnes en train de chasser dans la savane africaine. Leur commando est parfaitement coordonné et communique par signaux visuels et donc silencieux.

Le premier temps de la traque consiste pour elles à analyser soigneusement le troupeau de gnous ou de zèbres, de buffles ou d'antilopes afin de repérer les individus blessés, malades, âgés ou au contraire très jeunes, par hypothèse donc les plus vulnérables et les plus faciles à attraper. Enfin, elles passent à l'attaque.

Continuons à observer cette même famille de lions. Il arrive parfois que le maître du harem soit un mâle vieillissant. Immanquablement un ou deux jeunes mâles vont s'approcher et défier le vieux patriarche. Un combat homérique va s'ensuivre et bien souvent, le patriarche sénescent sera soit tué, soit sévèrement blessé, auquel cas il va s'enfuir pour mourir misérablement, car une fois isolé de son harem et donc des proies que les femelles lui servent sur un plateau, le vieillard handicapé en sera réduit à se contenter de petites victimes, rongeurs, insectes, à s'affaiblir encore plus et à périr le plus souvent, sous les crocs d'une bande de hyènes, ces traditionnelles ennemies héréditaires des grands félins.

Quant au jeune mâle plein de sève qui a conquis le groupe de lionnes, son premier travail sera de tuer et dévorer les lionceaux de manière à provoquer un œstrus chez les mères privées de leur progéniture et ainsi à obtenir leur consentement libre et éclairé. Une manière aussi de s'assurer de la légitimité de sa descendance.

La semence du plus fort est toujours la meilleure !

Et non seulement ce jeune mâle plein de vigueur aura réussi à exercer son pouvoir sur la troupe de lionnes, mais il aura aussi conquis son territoire au sens géographique du terme, exactement comme le cerf malade de notre Poète... sauf que pour ce dernier, la victoire sur ses rivaux est éphémère. Le papa de Bambi, après des joutes spectaculaires au cours du brame, chasse ses rivaux et prend le contrôle d'un harem de biches.

En réalité, prend le contrôle est un bien grand mot car, comme tous les mâles de toutes les espèces à quelques exceptions près, il doit attendre le bon vouloir de ces dames avant de faire son travail de géniteur ; une fois celui-ci accompli, il se verra impitoyablement chassé.

Dégagé, pour reprendre un mot à la mode. Contrairement au lion qui s'intègre à la société des lionnes dont il devient le protecteur et où il se comporte en père affectueux, le cerf, comme l'éléphant mâle, hormis cette brève période où il vit en société, doit passer environ onze mois sur douze en grand mâle solitaire et, le cas échéant, fuir devant les meutes féroces des veneurs de chasses à courre.

De toute manière, que l'on soit proie ou prédateur, on finit mal. Immanquablement ! La fin patriarcale, dans son lit entouré de ses proches, de l'agonisant – riche laboureur sentant sa fin prochaine et qui prodigue ses derniers conseils à des successeurs éplorés, n'existe pas dans le règne animal... quoique !

Pourtant, il existe au moins une exception. Chez les éléphantes, les lois non écrites ne sont en effet pas du tout les mêmes. Ce sont les femelles qui dominent et le mâle forme des petites sociétés avec d'autres galants éconduits.

Lorsque la matriarche vieillissante n'est plus en mesure de subvenir à ses besoins élémentaires, ses filles la soutiennent pour marcher, lui donnent à manger, la caressent, la consolent grâce à leur tendre trompe. Une fois la cheffe disparue, ses filles, nièces, petites-filles éliront une successeure qui pacifiquement, sagement, prendra le contrôle de la troupe et de son immense territoire.

À aucun moment la vaillante dirigeante n'est menacée dans son intégrité. Au contraire le groupe de ses suivantes la protègera jusqu'au bout de ses seuls prédateurs, les lions. Et, une fois décédée, la matriarche aura droit à une sorte de cérémonie funéraire et à un simulacre d'enterrement.

Chez les pachydermes, peut-être aussi chez les orques, mais uniquement chez eux, **La Fontaine a donc tort.**

Pour les autres espèces, **il a raison.**

Le Cygne

Dans une ménagerie
De volatiles remplie
Vivaient le Cygne et l'Oison :
Celui-là destiné pour les regards du maître ;
Celui-ci, pour son goût : l'un qui se piquait d'être
Commensal du jardin, l'autre, de la maison.
Des fossés du château faisant leurs galeries,
Tantôt on les eût vus côte à côte nager,
Tantôt courir sur l'onde, et tantôt se plonger,
Sans pouvoir satisfaire à leurs vaines envies.
Un jour le cuisinier, ayant trop bu d'un coup,
Prit pour Oison le Cygne ; et le tenant au cou,
Il allait l'égorger, puis le mettre en potage.
L'oiseau, prêt à mourir, se plaint en son ramage.
Le cuisinier fut fort surpris,
Et vit bien qu'il s'était mépris.
« Quoi ? je mettrais, dit-il un tel chanteur en soupe !
Non, non, ne plaise aux Dieux
Que jamais ma main coupe
La gorge à qui s'en sert si bien! «
Ainsi dans les dangers qui nous suivent en croupe
Le doux parler ne nuit de rien.

et le cuisinier

Le chant du cygne existe-t-il vraiment ou s'agit-il juste d'une légende urbaine ? Telle est la question posée par cette fable.

Commençons par le cygne lui-même. Pas de chance ! Cet animal est pratiquement muet... en cas de menace il peut éventuellement siffler, ou plutôt souffler. Rien à voir en tout cas avec le cygne américain autrement appelé cygne trompette. Enfin, je dirais en l'entendant plutôt trompette désaccordée ou trompettiste bourré !

Et la métaphore du chant du cygne, autrement dit le « mieux de la fin » ? Eugène Ionesco, dans *Le roi se meurt*, y fait une brève allusion, mais difficile de trouver des références, que ce soit chez les vétérinaires ou chez les médecins. Tout au plus existe-t-il un lien entre ce supposé phénomène et les NDE (*Near Death Experience*) ou expériences de mort imminente (*EMI*).

Quand on est presque mort, ou apparemment mort, il existe en effet des états de conscience modifiée, des sortes de dissociation ou de transes au cours desquels la personne sort de son corps, s'observe sur la table d'opération ou bien entre dans un long tunnel au bout duquel existent une lumière et des musiques célestes, se retrouve dans des prairies d'amours avec des anges bienveillants.

Au retour, certains éprouvent une vraie nostalgie et regrettent de ne pas être restés au Paradis. Cette espèce d'euphorie terminale peut éventuellement être comparée au « mieux de la fin », un chant du cygne ? Tout cela me fait penser aux « voyages » des héroïnomanes, et que la nature est bien faite. Afin de nous aider à faire le grand saut terminal, le passage final, notre cerveau en panique est inondé d'endorphines, ces morphines naturelles, et nous offre un *good trip*. Merci en tout cas !

Merci qui ? Je ne sais pas...

Des auteurs prestigieux comme Hippocrate, Plutarque, Galien, Cicéron, Avicenne ou Pinel ont en leur temps mentionné le « mieux de la fin », leur idée étant que puisque la mort libérait le cerveau de toutes ses contraintes matérielles, l'âme pouvait enfin s'exprimer librement et... à fond. Même don Quichotte à l'article de la mort retrouve sa pleine santé mentale : « Ayant abandonné la lecture de tout roman de chevalerie, il retrouve la raison et fait dès lors preuve de la plus grande sagesse, avant de mourir entouré de l'affection et de l'admiration des siens. » Peut-être la première vraie description du chant du cygne chez un schizophrène.

Violetta, la dévoyée (*Traviata* en italien), au moment de succomber à la tuberculose trouve un regain d'énergie pour dire encore son amour à Alfredo.

Enfin, en psychiatrie, une rumeur court dans les services : celle de personnes souffrant de schizophrénie très chronique, très ancienne, complètement perdues dans leur délire, leur démence depuis des lustres et qui brusquement redeviennent normales, sages, raisonnables en un mot et... meurent. Personnellement, malgré des décennies de pratique, je n'ai observé ce phénomène qu'une seule fois chez un de mes patients, ancien étudiant en médecine pratiquement de mon âge et que dans ma grande naïveté je pensais avoir guéri... sauf qu'il est mort d'une hémorragie cérébrale quelques jours après la disparition de son délire.

Un article de 2009[15] recense 80 cas de schizophrènes dans la littérature internationale, en particulier allemande et anglaise et essentiellement au XIXe siècle. Une thèse remarquable a été publiée le 9 décembre 2022 à Nancy par Maryne Mutis. Son titre est : *Le chant du cygne : Approche exploratoire des répercussions cliniques de la lucidité terminale*. Mais laissons-lui la parole. « Le phénomène de lucidité terminale consiste en une récupération, totale ou partielle, des fonctions cognitives et/ou motrices d'une personne mourante. Elle survient en général quelques heures, jours ou semaines avant la mort dans le cadre de nombreuses pathologies. » Les troubles concernés vont de la surdité à la mutité, du coma à la schizophrénie, etc.

Une citation concernant la folie est particulièrement éloquente : « Quatre semaines avant sa mort, elle était finalement ressortie de ce mauvais rêve qui avait duré près de vingt ans. Mais ceux qui la connaissaient avant sa folie ne la reconnurent que difficilement. Son élocution ainsi que sa clarté d'esprit étaient grandement améliorées, et elle fut capable de parler avec distinction et intelligence de choses qu'un homme apprend rarement à comprendre au cours d'une vie ordinaire. Son histoire fit fureur.

Lettrés et illettrés, éduqués et inéduqués se relayèrent à son chevet, et tous durent admettre que même si elle avait appris auprès des plus savants et éclairés des hommes pendant le temps de sa maladie, sa connaissance n'aurait pas pu être plus substantielle et élevée qu'elle ne l'était à l'heure actuelle, comme si elle s'était éveillée d'un long et profond confinement de tous ses pouvoirs[16]. » Apparemment, ce phénomène de regain d'énergie *ante mortem* n'est pas très rare, mais il est bien sûr nettement plus spectaculaire quand il concerne des fous qui ont perdu la raison depuis des décennies.

Pour réaliser sa recherche, Maryne Mutis a constitué deux groupes, l'un avec des familles, l'autre avec des soignants. Pour les familles, ce phénomène semble aider, préparer au deuil, grâce aux échanges que ce retour à la lucidité permet, d'où la notion proposée de deuil partagé ou deuil hyperbolique. Pour les familles, il semblerait que cela aide à « réintégrer une réflexion sur le soin et sur la place centrale du patient, pouvant ainsi aider à de meilleures prises en charge et une satisfaction professionnelle ».

Impossible à ce stade de ne pas se dire que décidément la Nature, grâce à l'Évolution, a mis en place des mécanismes étonnants pour faciliter le grand saut vers l'inconnu.

 **Je ne suis pas certain que ce soit le sens que La Fontaine a voulu donner à sa fable, mais en tout cas, dans cette direction que je propose, il a raison. Pour autant, le cygne ne chante jamais au moment de mourir. Il a donc tort.**

La Chauve-Souris

Une Chauve-Souris donna tête baissée
Dans un nid de Belette ; et sitôt qu'elle y fut,
L'autre envers les Souris de longtemps courroucée,
Pour la dévorer accourut.
Quoi ! vous osez, dit-elle, à mes yeux vous produire,
Après que votre race a tâché de me nuire !
N'êtes-vous pas Souris ? Parlez sans fiction.
Oui vous l'êtes, ou bien je ne suis pas Belette.
Pardonnez-moi, dit la Pauvrette,
Ce n'est pas ma profession.
Moi Souris ! Des méchants vous ont dit ces nouvelles :
Grâce à l'Auteur de l'univers,
Je suis Oiseau : voyez mes ailes ;
Vive la gent qui fend les airs !
Sa raison plut, et sembla bonne.
Elle fait si bien qu'on lui donne
Liberté de se retirer.
Deux jours après, notre étourdie
Aveuglément se va fourrer
Chez une autre Belette aux Oiseaux ennemie.
La voilà derechef en danger de sa vie.

et les deux belettes

La Dame du logis avec son long museau
S'en allait la croquer en qualité d'Oiseau,
Quand elle protesta qu'on lui faisait outrage :
Moi pour telle passer ! vous n'y regardez pas :
Qui fait l'oiseau ? C'est le plumage.
Je suis Souris : vivent les Rats ;
Jupiter confonde les Chats.
Par cette adroite repartie
Elle sauva deux fois sa vie.
Plusieurs se sont trouvés, qui d'écharpe changeants,
Aux dangers, ainsi qu'elle, ont souvent fait la figue.
Le sage dit, selon les gens :
Vive le Roi ! vive la Ligue.

La question posée est celle de la spécialisation des prédateurs. Autrement dit, est-ce qu'un animal carnivore va négliger une proie pourtant parfaitement comestible parce qu'il n'est pas programmé pour la consommer ?

Par exemple, le balbuzard, une sorte d'aigle pêcheur, se nourrit exclusivement de poissons et ne cherche pas à attraper des petits mammifères que pourtant il n'aurait aucun mal à capturer. Oui, mais voilà, il ne sait pas qu'ils sont comestibles.

Parfois même, la différence de nourriture tient à des raisons culturelles. Il existe deux populations d'orques : les épaulards nomades vivent en haute mer, même s'ils font des incursions près des côtes, et se nourrissent exclusivement de mammifères, baleines, phoques, morses, otaries ; et les sédentaires, qui vivent dans des anses et sont de grands amateurs de poissons. L'intéressant dans l'affaire est que leur sélectivité retentit sur leur mode de communication.

Les orques nomades carnivores savent que leurs proies sont intelligentes et qu'elles auraient vite fait de les repérer si elles étaient bruyantes. Leurs troupeaux sont donc silencieux et ne communiquent qu'au moment final, lors de la curée.

En revanche, les poissons sont complètement idiots ; de ce fait, les orques sédentaires, quand elles cherchent à capturer un banc de maquereaux, doivent le localiser et, surtout, donner leur position à leurs congénères. Elles sont alors très bavardes. Une seule espèce, deux régimes alimentaires et deux types de communication différents.

Et chez nous alors ?

Entre 1845 et 1860, près d'un million d'Irlandais sont morts de faim au cours d'une famine totalement anachronique, du moins en Europe. Beaucoup d'autres sont partis aux USA et sur une population totale de huit à neuf millions d'habitants, ces deux facteurs entraînèrent une hémorragie d'au moins deux millions et demi de personnes.

Comment un tel fléau, inédit en Europe depuis la peste noire de 1348, a-t-il pu se produire en Europe en plein xixe siècle ? Au contraire du vieux continent qui mit très longtemps à en faire une alimentation de masse et la réservait aux riches, l'Irlande adopta la pomme de terre dès la fin du XVIe siècle. Le tubercule, facile à cultiver, devint pour les pauvres la source unique de leur alimentation. Dès lors, l'Irlande s'adonna dangereusement à la monoculture, au point qu'un dicton disait : « Deux choses sont trop sérieuses pour qu'on en rie : le mariage et la pomme de terre. »

En 1845, le mildiou contamina la plante qui se mit à pourrir et devint non comestible. Comme depuis des décennies les Irlandais pauvres ne se nourrissaient plus guère que de pommes de terre, des carences vitaminiques étaient apparues, fragilisant une population devenue très vulnérable et, incroyablement, ce sont les populations côtières qui furent les plus décimées par la faim : les malheureux ignoraient que l'on pût consommer le poisson sans l'accompagner de pommes de terre. Le poisson sans sa garniture était devenu non comestible et les gens moururent en masse !

Sur toute la surface de la terre et dans chaque culture, il existe une distinction fondamentale entre le comestible et le mangeable. Les Chinois traditionnels ne conçoivent pas de consommer des laitages, lait, yaourts, fromages, de la viande saignante ou des crudités.

Toutes choses parfaitement comestibles et complètement immangeables.

Quant à certaines ethnies papoues vivant dans les marais, le manque de gibier et donc de protéines animales a tendance à les carencer. De ce fait, leur plus grand régal est de déguster vivantes de grosses larves bien juteuses et frétillantes. Le Papou n'est pas végan !

En revanche, pour eux, les champignons symboles de mort sont tabous alors qu'ils pourraient être une source abondante de nourriture.

Quant à nous, Européens, qu'adviendrait-il en cas de famine ? Si les céréales et les troupeaux venaient à manquer ? Serions-nous capables de nous rabattre sur les insectes ?

Enfin, quel serait le succès aujourd'hui d'un restaurant qui afficherait à son menu ?

La mygale confite[17] *accompagnée de son cortège de mouches frites suivie des sauterelles grand veneur, et enfin du vacherin de chenilles fondantes parsemées de larves croquantes.*
Et comme accompagnement,
Le nectar des dieux à base de miellat
de pucerons de Bourgogne.

Je ne suis pas certain que Michelin ou Gault et Millau les installerait au firmament des étoiles et des fourchettes. Je ne suis pas certain non plus que la clientèle s'y presserait en masse.

La Fontaine a donc ici parfaitement raison.

Les animaux

Un mal qui répand la terreur,
Mal que le Ciel en sa fureur
Inventa pour punir les crimes de la terre
La Peste (puisqu'il faut l'appeler par son nom)
Capable d'enrichir en un jour l'Achéron,
Faisait aux animaux la guerre.
Ils ne mouraient pas tous, mais tous étaient frappés :
On n'en voyait point d'occupés
À chercher le soutien d'une mourante vie ;
Nul mets n'excitait leur envie ;
Ni Loups ni Renards n'épiaient
La douce et l'innocente proie.
Les Tourterelles se fuyaient ;
Plus d'amour, partant plus de joie.
Le Lion tint conseil, et dit : mes chers amis,
Je crois que le Ciel a permis
Pour nos péchés cette infortune ;
Que le plus coupable de nous
Se sacrifie aux traits du céleste courroux ;
Peut-être il obtiendra la guérison commune.
L'histoire nous apprend qu'en de tels accidents

On fait de pareils dévouements :
Ne nous flattons donc point ; voyons sans indulgence
L'état de notre conscience.
Pour moi, satisfaisant mes appétits gloutons,
j'ai dévoré force moutons ;
Que m'avaient-ils fait ? Nulle offense :
Même il m'est arrivé quelquefois de manger le Berger.
Je me dévouerai donc, s'il le faut ; mais je pense qu'il
est bon que chacun s'accuse ainsi que moi
Car on doit souhaiter selon toute justice
Que le plus coupable périsse.
Sire, dit le Renard, vous êtes trop bon Roi ;
Vos scrupules font voir trop de délicatesse ;
Et bien, manger moutons, canaille, sotte espèce.
Est-ce un péché ? Non, non. Vous leur fîtes, Seigneur,
En les croquant beaucoup d'honneur ;
Et quant au Berger, l'on peut dire
Qu'il était digne de tous maux,
Étant de ces gens-là qui sur les animaux
Se font un chimérique empire.
Ainsi dit le Renard, et flatteurs d'applaudir.

On n'osa trop approfondir
Du Tigre, ni de l'Ours, ni des autres puissances
Les moins pardonnables offenses.
Tous les gens querelleurs, jusqu'aux simples Mâtins,
Au dire de chacun, étaient de petits saints.
L'Âne vint à son tour, et dit : J'ai souvenance
Qu'en un pré de Moines passant,
La faim, l'occasion, l'herbe tendre, et je pense
Quelque diable aussi me poussant,
Je tondis de ce pré la largeur de ma langue.
Je n'en avais nul droit, puisqu'il faut parler net.
À ces mots on cria haro sur le Baudet.
Un Loup quelque peu clerc prouva par sa harangue
Qu'il fallait dévouer ce maudit Animal,
Ce pelé, ce galeux, d'où venait tout leur mal.
Sa peccadille fut jugée un cas pendable. Manger
l'herbe d'autrui ! quel crime abominable !
Rien que la mort n'était capable
D'expier son forfait : on le lui fit bien voir.
Selon que vous serez puissant ou misérable,
Les jugements de Cour vous rendront blanc ou noir.

La question posée concerne les rapports entre les animaux et la justice.

Toute la jurisprudence repose sur le fait que l'Église, au Moyen Âge, considérait qu'il existait d'une part une âme humaine et d'autre part une âme animale, ce qui permettait des procédures comme par exemple l'excommunication qui les privait de paradis animal après leur mort. Je sais, c'est dur !

Quand un champ était ravagé par des criquets, le curé se transportait sur les lieux et entamait une négociation. « Messires les Criquets, vous ne pouvez continuer à détruire la récolte du pauvre Martin qui a sué sang et eau pour labourer, herser, semer... et qui aimerait pouvoir récolter afin de nourrir femme et enfants. » Les insectes étaient alors invités à se rendre chrétiennement sur une jachère communale ; s'ils obtempéraient, ils étaient absous des dégâts qu'ils avaient occasionnés. Sinon, ils risquaient l'excommunication. C'est ainsi qu'à Laon, en 1120, chenilles et mulots furent excommuniés par l'évêque du lieu.

La démarche judiciaire s'avère pour le moins surprenante à nos yeux contemporains puisque les animaux pouvaient répondre soit au pénal soit au civil selon une procédure très codifiée et rigoureuse, huissier, avocat prêtant serment de les défendre avec zèle et probité, curateur, experts nommés afin d'évaluer les dégâts, débats parfois contradictoires, etc.

Ainsi, en 1554, les sangsues du lac Léman furent citées à comparaître, à trois reprises, par voie d'huissier de justice. La procédure exigeait en effet que la citation fût renouvelée à trois reprises. Elles refusèrent d'obtempérer en demeurant obstinément dans l'eau, ce qui est, on en conviendra, le signe d'un incroyable entêtement de leur part, pour ne pas dire d'une sale mentalité.

Dès lors, la Cour fut contrainte de désigner un syndic chargé de les représenter et un avocat commis d'office fut chargé de les défendre. Il plaida longuement mais sans succès, arguant de leur jeune âge et de leur exigüité. Elles furent condamnées à être excommuniées par l'évêque de Lausanne et, par conséquent, grillent pour l'éternité dans l'enfer des sangsues.

Le libre arbitre des bêtes était si bien admis qu'on n'hésitait pas à s'appuyer sur l'exemplarité de la peine.

Ainsi, la pénible histoire de cette truie accusée d'avoir provoqué la mort d'un bébé après lui avoir dévoré la moitié du visage. Le flagrant délit était constitué bien que l'accusée n'eût jamais avoué. L'histoire se passe à Falaise en 1386. À l'époque, les porcs divaguaient dans les rues et les nourrissons étaient souvent sans surveillance. Le procès dura neuf jours et la bête fut jugée selon une procédure équitable, plaidoiries des avocats, délibération et, au final, condamnée à mort selon une peine proportionnelle aux blessures infligées à l'enfançon, c'est-à-dire avec les mêmes mutilations. Lorsque la truie comparut pour son supplice, elle fut revêtue d'une veste, d'un haut de chausse et son groin fut recouvert d'un masque à visage humain, puisqu'elle était responsable à l'instar d'un être humain. La moitié du groin fut arrachée et la patte avant entaillée, puis elle fut pendue à un arbre par les pattes arrière.

Bref, rien que de très banal, sauf que tous les paysans et serfs du voisinage furent tenus d'assister au supplice, accompagnés de leurs cochons afin que tous en tirassent des leçons utiles pour l'avenir. Le propriétaire de la truie et le père de l'enfant furent également obligés d'être présents, ceci pour leur faire publiquement honte de leur manque de vigilance, le premier vis-à-vis de son animal, le second vis-à-vis de son enfant.

Enfin, il fallut juger les complices, à savoir la portée de porcelets convaincus d'avoir participé au crime puisque retrouvés barbouillés de sang. L'avocat plaida leur minorité, l'obéissance à leur mère et, partant, l'irresponsabilité pénale, et le non-lieu fut prononcé à juste titre. Malheureusement pour eux, leur propriétaire refusa de payer la caution de restitution. Ils furent donc déclarés biens vacants et purent en toute innocence attendre d'être normalement transformés en jambons, saucissons et autres charcuteries.

Parfois, la justice se montrait clémente. En Italie, en 1519, des taupes furent traînées en justice pour avoir ravagé un champ. Leur avocat plaida l'irresponsabilité du fait de leur jeune âge tout en faisant valoir que leur action était *in fine* bénéfique puisque ces animaux se nourrissent d'insectes nuisibles (ce qui n'est pas exact car elles mangent surtout des vers de terre très utiles au contraire, mais, Dieu merci, le tribunal n'en savait rien). Finalement, la peine de mort fut commuée en bannissement à vie dudit champ.

Il arrivait aussi que ce fût la moralité des animaux qui était mise en cause. Jusqu'au XVIIe siècle, en particulier en Angleterre, en cas de zoophilie, l'homme et l'animal étaient incriminés et condamnés, en général à la peine capitale. Un bon nombre de vaches, chèvres, truies et autres brebis ont été décapitées car considérées comme complices.

L'histoire de cette brebis accusée d'avoir des relations contre nature avec son (riche) berger par l'épouse de celui-ci et par un témoin, en l'occurrence le notaire, en témoigne. Reconnus coupables, l'homme et sa protégée furent condamnés à être dénudés, placés face à face, cousus dans un sac et jetés à la rivière. Un peu plus tard, l'accorte bergère devenue opulente et veuve à la fois épousa le notaire témoin... Selon moi, un procès en révision devrait être diligenté sans délai.

Enfin, en 1924, un labrador tua le chat du gouverneur de Pennsylvanie. Il fut condamné à la prison à vie, écroué sous matricule et six ans plus tard mourut de vieillesse en sa cellule.

La Fontaine a donc tort, car la justice animalière a toujours répondu à une procédure rigoureuse et équitable, sinon contradictoire... du moins selon les canons de l'époque !

Les Grenouilles

Les Grenouilles, se lassant
De l'état démocratique,
Par leurs clameurs firent tant
Que Jupin les soumit au pouvoir monarchique.*
Il leur tomba du Ciel un Roi tout pacifique :
Ce Roi fit toutefois un tel bruit en tombant
Que la gent marécageuse,
Gent fort sotte et fort peureuse,
S'alla cacher sous les eaux,
Dans les joncs, dans les roseaux,
Dans les trous du marécage,
Sans oser de longtemps regarder au visage
Celui qu'elles croyaient être un géant nouveau ;
Or c'était un Soliveau,
De qui la gravité fit peur à la première
Qui de le voir s'aventurant
Osa bien quitter sa tanière.
Elle approcha, mais en tremblant.
Une autre la suivit, une autre en fit autant,

** Jupin = Jupiter*

demandent un roi

Il en vint une fourmilière ;
Et leur troupe à la fin se rendit familière
Jusqu'à sauter sur l'épaule du Roi.
Le bon Sire le souffre, et se tient toujours coi.
Jupin a bientôt la cervelle rompue.
Donnez-nous, dit ce peuple, un Roi qui se remue.
Le Monarque des Dieux leur envoie une Grue,
Qui les croque, qui les tue,
Qui les gobe à son plaisir,
Et Grenouilles de se plaindre ;
Et Jupin de leur dire : Eh quoi ! votre désir
À ses lois croit-il nous astreindre ?
Vous avez dû premièrement
Garder votre Gouvernement ;
Mais, ne l'ayant pas fait, il vous devait suffire
Que votre premier roi fût débonnaire et doux :
De celui-ci contentez-vous,
De peur d'en rencontrer un pire.

Une sacrée question que pose cette fable ! Existe-t-il dans le règne animal des lois constitutionnelles ? Quelle pourrait bien être leur conscience politique ?

La politique de l'autruche

Disons-le tout net et rendons justice au plus gros oiseau du monde. Loin d'être aussi stupide que son front bas le suggère, on n'a jamais observé le moindre struthio enfouir sa tête dans le sol pour ne pas voir approcher un lion. Au contraire, soit il fuit à toutes pattes, soit il fait courageusement front. Quelles sont dès lors les organisations politiques envisageables dans les sociétés animales ?

L'anarchie version hippie

Observons une savane africaine, l'harmonie y règne la plupart du temps. Les gazelles broutent de concert avec les autruches, les antilopes, les girafes, les rhinocéros, les buffles, tout le monde accueille sur son dos des hérons garde-bœufs et autres pique-bœufs. Des pintades, des outardes, des grues couronnées, des francolins picorent entre les pattes des herbivores les nuées d'insectes qui les harcèlent gentiment. Tout cet univers se côtoie en paix, noue des alliances de circonstance. Le zèbre est très recherché car il s'avère un excellent guetteur, toujours en éveil, doté d'une excellente vue, d'une ouïe non moins performante, capable de détecter l'approche d'une bande de lionnes, de hyènes ou de lycaons, voire d'un guépard ou d'un léopard. De nombreuses espèces recherchent sa compagnie et ne le lâchent pas d'une semelle.

Pas de véritable hiérarchie, juste une sorte d'étiquette : les éléphants passent en premier pour se rafraîchir dans le marigot et éloignent les crocodiles. Les rhinocéros suivent. Enfin arrive le petit peuple des gazelles, gnous et autres antilopes. Les hippopotames font carrément bande à part, sur terre comme dans l'eau.

Bref, on se croirait dans une communauté hippie au plus fort des années soixante, pétards en moins. *Peace and love* ! Il s'agit en réalité d'un art de vivre très répandu chez nos amies les bêtes, jusqu'à ce qu'une attaque se produise. En cas de sauve-qui-peut, finie l'harmonie, terminée la coexistence pacifique, c'est chacun pour soi !

Une variante de cette organisation, à savoir la solitude des ermites. Le tigre, le chat sauvage, le lynx, l'ours, l'orang-outan, le coucou, le fourmilion, l'araignée ont adopté ce régime particulier. Tous ces animaux vivent seuls la plupart du temps, n'approchant leurs congénères qu'à la saison des amours.

Les chats tigrés européens, à l'origine solitaires, se sont montrés capables de modifier radicalement leurs structures sociales sous la pression des changements d'environnement en passant de l'isolement à la vie sociale : confrontés aux milieux engendrés par l'homme, depuis quelque dizaines d'années ces animaux, qui autrefois passaient leur vie loin de leurs collègues, ont constitué des sociétés organisées et hiérarchisées. Walt Disney en a d'ailleurs fait une peinture assez exacte avec *Les Aristochats*. Ils sont passés de l'anarchie solitaire à la monarchie parlementaire des gouttières.

Pour leur part, les chiens sauvages ont une vie sociale très ritualisée avec une étiquette digne de Louis XIV. Il suffit pour s'en convaincre d'observer les lycaons d'Afrique ou les dingos d'Australie. Il suffit que *Canis canis* soit transformé en *Médor domesticus* pour s'apercevoir que notre fidèle compagnon devient une bestiole en apparence solitaire, passant ses journées seul dans l'appartement de ses maîtres. Idem dans les fermes où, souvent, le chien de garde reste enchaîné à sa niche sa vie entière.

À part les rares meutes de chasse à courre, le toutou est condamné à la solitude, sauf qu'il s'agit en réalité d'une fausse solitude, car le chien domestiqué reporte sur son maître et à la famille de celui-ci les comportements sociaux et hiérarchiques qu'il aurait adoptés avec son chef de meute qui est le chef de famille, père ou mère, peu importe. Si vous ne savez pas qui porte la culotte chez vous, lui le sait ! Les autres membres de la famille, c'est-à-dire les enfants, deviennent les autres membres de la meute et sont également classés par ordre hiérarchique et il est essentiel que le chien soit tout en bas de manière évidente, du moins pour lui, sinon il risque de combattre pour grimper dans l'ordre et cela peut devenir dangereux.

La plupart des accidents avec les bergers allemands, les dobermans se produisent quand ces animaux puissants s'imaginent pouvoir prendre la place du mâle alpha, ou béta, etc. Normalement, le chien obéit sans discuter et se comporte en simple parasite (chien d'appartement), en commensal (chien de garde) ou en animal symbiotique (chien de berger, chien de chasse, chien d'aveugle...), peu importe du moment qu'il souscrit aux moindres désirs du boss !

Organisations totalitaires ou militaires [18]

Les bancs de poissons proies (anchois, sardines...) ou de prédateurs (barracudas), les vols d'étourneaux font preuve d'une incroyable discipline tant leurs mouvements sont synchrones, à en faire pâlir d'envie le dernier des caporaux ! Cette discipline améliore la survie de l'espèce. Quand les prédateurs veulent attraper un poisson ou un oiseau, ils sont désorientés par la masse tourbillonnante et ne savent plus où donner de la dent. Une chose est certaine : la discipline fait la force des armées de maquereaux !

Le socialo-communisme

Il s'agit d'un intéressant mode d'organisation chez les fourmis, les abeilles ou les termites, pour qui chaque sujet est exclusivement au service de la survie et, si possible, de l'expansion de la colonie. La vie de l'individu est sacrifiée au profit de la collectivité. Dans ce système, la question est de savoir qui est le Staline, le Mao ou le Pol Pot.

Aucune ouvrière, aucune reine, aucune soldate n'a suffisamment de neurones pour concevoir l'idée même d'une décision d'ordre politique générale, comme par exemple un essaimage ou un changement de ruche ou l'organisation d'une défense coordonnée face à une attaque de frelons. Qui prend la décision ?

Dans certaines circonstances de crise, des réseaux d'insectes se constituent : plusieurs individus se connectent par les pattes et les antennes, chacune étant reliée à plusieurs autres de manière à former une sorte d'amas évoquant de manière assez frappante un mini réseau neuronal.

Se pourrait-il que les particules d'intelligence se regroupent pour former un organisme supra individuel ? Se pourrait-il que l'intelligence d'une dizaine de fourmis interconnectées transcende celle d'un individu et permette de décider par exemple la fabrication de radeaux en cas d'inondation ?

Aujourd'hui des millions d'êtres humains sont reliés au même moment grâce à la puissance des réseaux sociaux ; ils chatent, discutent, échangent... Se pourrait-il qu'un jour une décision inconcevable pour un seul esprit humain émerge de ce réseau neuronal, transcende les individus et les gouvernements et nous mène à... qui sait ?

Toujours dans le registre communautaire, une autre énigme concerne la découverte que 30 % des fourmis sont incompétentes : elles ne foutent rien, ne servent apparemment à rien et sont entretenues par les ouvrières et des soldates efficaces. Ne sont-elles là qu'en réserve, au cas où ? Ou alors, si l'on retourne le problème, puisque l'évolution de ces fourmilières si incroyables de sophistication dans leur organisation a prévu d'entretenir un tiers d'individus « inutiles », c'est que ces dernières ont malgré tout un rôle qui nous échappe.

Les états communistes du temps de la guerre froide, comme les administrations (hospitalières pour parler de ce que je connais le mieux) de France (et d'ailleurs ?) entretiennent *grosso modo* un tiers de fonctionnaires improductifs, inutiles et coûteux... se pourrait-il que cela recèle des raisons raisonnables bien qu'obscures ?

Dictature

Certaines espèces exercent les pires tyrannies. Le lion, par exemple, prend le contrôle d'un harem au prix de combats homériques avant de dévorer tous les petits, puisqu'ils ne sont pas de lui, comme les Atrides ou certains empereurs romains. En règle, le précédent chef est tué ou sévèrement blessé et s'en va mourir misérablement, seul dans la savane. Enfin, le roi lion féconde toutes les femelles et s'assure ainsi que tous les bébés seront bien de lui. Par la suite, le lion est un tyran plutôt débonnaire, bon père de famille, très tolérant avec ses lionceaux qui lui grimpent dessus, lui mordillent les oreilles...

De manière beaucoup plus subtile, les babouins geladas se montrent eux aussi sous un jour macho, jaloux, violents, alors qu'en fait ce sont les babouines qui organisent la vie du groupe, tout en lui laissant croire qu'il est le chef ; en réalité, s'il se montre défaillant, elles votent pour l'évincer sans ménagement au profit d'un autre mâle qui assure mieux. On pense à certaines sociétés méditerranéennes où les mecs paradent, jouent les gros durs, les machos, alors qu'à l'évidence c'est la mère de famille qui règne sans partage.

Théocratie

Ce type de constitution est-il pensable chez l'animal ? L'idée de Dieu est-elle imaginable chez l'animal ?

Pour le chien par exemple, l'humain est une entité dotée de pouvoirs inimaginables, miraculeux : allumer instantanément la lumière, se transporter en voiture, tuer un gibier à distance... Si Dieu existe, il existe peut-être la même distance de Lui à nous que de Nous à nos chiens. Inconcevable, je sais !

La notion d'âme animale existait au Moyen Âge et on assiste au retour en force de cette idée chez certains qui affirment que les animaux, tout au moins un bon nombre d'entre eux, ont une conscience de soi, de la mort, et proposent de rendre illégale l'incarcération, la détention des primates supérieurs comme les chimpanzés, les gorilles, les orangs-outans. Et après tout, n'ont-ils pas raison de se demander si la notion de transcendance existe chez certaines prétendues bêtes, comme les éléphants et leur culte des morts ?

Santino, chimpanzé suédois, est capable, les jours où le zoo est ouvert, d'accumuler des projectiles variés, excréments, bouts de bois, pierres, de guetter les visiteurs et de les bombarder dans la liesse. Il prépare ses munitions quatre heures avant l'arrivée des touristes, mais ne le fait pas le jour de fermeture du zoo, qu'il est donc capable d'anticiper. Une telle capacité à prévoir l'avenir est très différente du comportement instinctif, génétiquement programmé, des hamsters qui préparent l'hiver en accumulant des graines. Elle témoigne d'une faculté d'adaptation intégrant une projection dans le futur. Peuvent-ils anticiper leur propre mort ? Certains auteurs le pensent avec de solides arguments. Alors, reposons la question : animaux animés avez-vous donc une âme qui s'attache à notre âme et la force à les aimer[19]?

Après tout, des peuples entiers, des civilisations ont momifié des chats ou des crocodiles considérés comme des dieux ; de même, des cultures religieuses comme l'hindouisme considèrent qu'il n'existe aucune réelle différence de nature entre l'homme et le ver de terre, la femme et le papillon.

Monarchies constitutionnelles et parlementaires

Un des régimes les plus répandus dans le règne animal : prenons le cas des cerfs. Tous les ans, les grands mâles organisent des tournois, revêtent leurs plus beaux andouillers et joutent sous les yeux apparemment blasés des biches, qui en réalité n'en perdent pas une miette.

Une fois le tournoi remporté, le roi cerf prend le pouvoir sur l'ensemble du harem et y règne jalousement en tyran sexuel, bien qu'éphémère. Enfin, tyran, sauf que ce sont les biches qui concèdent à leur seigneur et soi-disant maître le moment où il sera autorisé à les féconder.

C'est bien le parlement des biches qui détient le véritable pouvoir, même si elles laissent croire au cerf qu'il est le Prince... d'ailleurs il s'agit là d'une stratégie assez répandue, suivez mon regard !

Parmi toutes ces monarchies constitutionnelles, il faut distinguer :

– Les patriarchies constitutionnelles : gorilles, chimpanzés, hommes[20] exercent le pouvoir, prennent les grandes décisions comme déclencher une guerre, déménager, émigrer, chasser, mais délèguent aux femelles tout le pouvoir domestique, l'élevage des enfants, le règlement des conflits intérieurs...

– Les matriarchies constitutionnelles : avec deux types principaux :

1- Les matriarchies tyranniques comme les hyènes, où les moyens utilisés pour conquérir et exercer le pouvoir sont ceux traditionnellement dévolus aux mâles, la violence, la force, la guerre. La méchanceté ! Les femelles hyènes sont plus grandes, plus puissantes, plus féroces surtout que les mâles plus petits et moins féroces. Leur clitoris est si développé qu'il en impose pour un pénis[21].

Il existe de plus chez ces sympathiques carnivores une règle dynastique inscrite dans la constitution. Lorsque la reine met bas pour la première fois, l'aînée des bébés hyènes est destinée à lui succéder. De ce fait, toute la meute vient lui rendre hommage en se prosternant à la queue leu leu devant un tout petit bébé encore vagissant mais dont le destin est déjà écrit… sauf accident.

2- Les matriarchies gynocratiques comme les bonobos, les éléphants. Dans tous ces cas, la matriarche est en général âgée (éléphantes) ou au contraire très séduisante (bonobos) et gouverne par la sagesse, l'expérience ou la ruse, pouvant aller jusqu'à la fourberie. Ce sont des sociétés très pacifiques. Quant aux mâles, ils sont exclus de la harde chez les pachydermes et constituent des sociétés masculines avec leurs propres règles. Chez les bonobos, ils sont intégrés à la bande mais avec un statut moins élevé que les femelles.

– Les couples régnants : chez les loups, le mâle alpha gouverne la meute, il est le seul à avoir le droit de couvrir la louve alpha. Quant à celle-ci, elle occupe une place prééminente, partage le pouvoir avec son alpha chéri, mène avec lui les chasses…

Démocratie

Quand elles sont sur le point de finir leur sieste, les biches procèdent à un vote. Une fois le temps de repos terminé, il faut que quelqu'une prenne la décision de se lever afin de quitter les lieux pour aller paître ailleurs. Une seule tête levée ne suffit pas et il est nécessaire qu'une majorité d'animaux lève la tête en même temps pour emporter l'adhésion de l'ensemble de la harde. Les macaques de Tonkean votent aussi de façon démocratique. Lorsque les primates doivent se déplacer collectivement et que deux directions sont possibles, la direction choisie sera celle pour laquelle le plus grand nombre d'individus ont voté ; ce scrutin se fait grâce à des coups d'œil et des avancées de moins de cinq mètres.

Celui qui entraîne le plus grand nombre de ses congénères dans son sillage remporte la mise. Là, on est vraiment en démocratie. Tout est organisé, quasiment gravé dans le marbre.

Kibboutz : les craves d'Australie de la famille des corvidés (corbeaux, corneilles...) sont coopératifs, les petits sont couvés et nourris indifféremment par tous les adultes, ce qui leur permet de recevoir non stop des montagnes d'insectes. C'est le modèle qui prévalait en Israël avec les kibboutzim, qui ont d'ailleurs presque tous disparu.

Ici, La Fontaine a raison, il existe bel et bien des constitutions dans le règne animal... sauf que je ne suis vraiment pas sûr que cela soit le cas chez les grenouilles !

La Bergère

Duchesse en sa chaumière, Manon faisait la fière ;
Clamant sa déchéance, la bergère d'impudence
Soir et matin, se lamentoit sur son destin ;
« À quel parti mes deux parents m'ont-ils réduite,
Pour époux m'harnachant de ce triste manant ? »
Un jour, un prince la vit, vaquant près ses brebis ;
À son goût la trouva ; sur le pré le lui montra
(L'approchant sans discours, ni plus petit recours).
Venus à la rescousse, le mari et sa fourche
Du vilain Prince, le fondement fort caressèrent,
Rescapant l'hyménée de l'accorte bergère.
Le monde est empli de nombreux fous,
Fermières s'attifurant bourgeoises
Princesses s'encaquant souveraines.
De votre sort contentez-vous ;
Chaque jour à genoux rendez en grâce aux cieux,
Craignez d'en trouver un moins bon et généreux.

et le Croquant

La question posée ici par le Poète est celle du viol.

Oups, pardon ! Pour faire savant je ne devrais pas utiliser ce mot considéré par les scientifiques comme trop anthropomorphique, mais parler de « coercition sexuelle ». Eh oui, le politiquement correct sévit aussi chez les savants. Alors ce comportement, quelle que soit son appellation, existe-t-il chez nos amies les bêtes ? Dans la nature, la règle générale est que même si le mâle est beaucoup plus puissant que la femelle, comme le lion, le dindon, le cerf, le taureau, l'orque ou l'éléphant de mer, il est tenu d'attendre le consentement de celle-ci, lequel est lié à l'ovulation.

C'est pour cette raison que les ours mâles dévorent les oursons des femelles de rencontre, y compris si ce sont les siens, dans le but de déclencher l'œstrus. Les ourses défendent leurs petits, mais une fois ceux-ci occis... elles ne se défendent plus elles-mêmes ! Il s'agit donc d'infanticide mais pas de viol.

L'ours est peu moral, encore moins élégant, mais parfaitement efficace. J'exclurai certaines araignées qui en mode catapulte projettent leur sperme à distance, ou bien proposent à leur maritorne une mouche enveloppée dans un interminable fil de soie et, pendant qu'elle s'échine à ouvrir son cadeau, en profitent pour s'accoupler par surprise, car dans tous ces cas il s'agit pour les petits mâles d'éviter d'être dévorés par les énormes femelles cannibales. Si l'on excepte aussi les punaises pour qui le viol collectif éventuellement homosexuel, autrement dit tournante, est une habitude, il existe au moins sept autres espèces capables de s'accoupler sans recueillir le consentement de la femelle :

– ***La mouche scorpion***. Cet insecte a quelques similitudes avec nous en ce qui concerne ses techniques d'approche des femelles : soit le mâle offre de la nourriture en guise de cadeau, soit il la force. *No comment* !

– ***Le canard colvert.*** Contrairement à la grand majorité des oiseaux, ce palmipède possède un organe sexuel mâle volumineux et il lui arrive de forcer, parfois à plusieurs, des femelles non consentantes. Certains ont même été observés en train de violer d'autres mâles, même une fois morts ! La thanatophilie homosexuelle existe bel et bien chez Donald. S'il me lit, Walt Disney doit s'en retourner dans sa tombe ! À ce jour, aucun éthologue n'a trouvé d'explication à cet étrange comportement où la cane peut non seulement y laisser des plumes, mais aussi la vie par noyade.

– ***Le manchot d'Adélie*** a été observé par Levick qui a parlé de « coqs loubards » dans son rapport. Ces individus ont été surpris en train de contraindre des femelles blessées, des oisillons tombés du nid, d'autres mâles et même des cadavres. Ce comportement serait en réalité lié à un quiproquo éthologique. Lorsqu'un animal se met dans la position précise du consentement de la manchote, cela envoie un signal irrésistible pour le mâle. Les chercheurs ont même disposé un montage comportant une tête congelée et un corps en fil de fer dans ladite position et... je vous laisse deviner la suite.

– ***La loutre de mer :*** ces mignonnes peluches se montrent capables de s'accoupler de force avec des bébés phoques en leur maintenant la tête sous l'eau et ainsi de les noyer. Leur autopsie a montré chez les petites victimes de multiples lésions traumatiques allant jusqu'à la perforation vaginale ou rectale. De plus, ces animaux ne se comportent pas autrement avec les femelles de leur espèce avec qui souvent ils s'accouplent de force, par surprise, allant jusqu'à les noyer environ une fois sur dix. Merci à mes lecteurs de ne pas montrer ce passage à Brigitte Bardot !

– ***Le dauphin***, cet intelligent ami de l'homme, est capable lui aussi de se mettre en bande de mâles pour harceler une femelle, la forcer, voire la tuer. Et non seulement ils peuvent procéder ainsi à l'intérieur de leur espèce, même avec des jeunes qu'ils peuvent alors occire, mais aussi avec d'autres. C'est ainsi que des phoques, des gros poissons, voire des humains nageurs ont eu maille à partir avec ces détenteurs de pénis « préhensiles ». Vous avez bien lu ! Avis à Sandrine Rousseau !

– ***Le chimpanzé.*** Cet animal est si proche de nous qu'il est capable de constituer des bandes d'adolescents et de jeunes adultes (de banlieues dites sensibles ?) et de lancer des raids pour envahir d'autres territoires, rapter et violer les femelles, et parfois même génocider les populations ennemies.

– ***L'être humain***. Certains auteurs comme Randy Thornhill et Craig Palmer expliquent le viol comme une illustration de la théorie de l'évolution. De tout temps le viol a été considéré comme une arme de guerre, un comportement de conquérants, comme cela a été constaté de la part de Daech en Irak et Syrie, mais aussi des Américains avec les Normandes juste après le débarquement, pour ne citer que les plus récents... sans parler des Russes en Ukraine si l'on en croit le président Zelensky.

Il s'agirait encore une fois de permettre la transmission de leurs gènes aux mâles les plus forts, les plus agressifs, les plus virils, donc de favoriser le succès de l'espèce. Dans cette perspective darwinienne, le fameux droit de cuissage deviendrait légitime, sauf qu'il n'a jamais existé car de tout temps interdit par l'Église. Une pure *fake news* donc. Il s'agissait de viols condamnables perpétrés par des seigneurs abuseurs. Condamnables mais rarement condamnés il faut bien le dire. Dans cette perspective évolutionniste, le viol serait favorable à l'espèce puisqu'il permettrait la dissémination des gènes des mâles les plus performants, en l'occurrence les chefs.

Comment qualifier autrement les mariages forcés des rois européens avec parfois des petites filles à qui il ne serait venu à l'esprit de personne de demander si elles étaient d'accord. Comme l'avait conseillé sa maman à l'innocente reine Victoria juste avant sa nuit de noces : « Ferme les yeux et pense à l'Angleterre ! »

Cette hypothèse évolutionniste est éminemment contestable, car si les violeurs avaient vraiment un but reproductif, ils ne violeraient que des femmes en âge de se reproduire. Pourtant, 29 % des victimes américaines ont moins de 11 ans. Je ne dispose pas de statistiques à propos du viol des femmes ménopausées, mais je peux dire que j'en ai examiné quelques-unes aux urgences. De plus, ce point de vue pousse à complètement oublier les viols homosexuels, les viols non vaginaux, les viols meurtriers. Clairement – et là c'est le psychiatre qui écrit –, le viol est un comportement pathologique perpétré par un individu malade puisque pervers. Quitte à fâcher les évolutionnistes dans ce domaine, le viol est avant tout une manière d'affirmer – on ne peut plus lâchement – son pouvoir. C'est « la raison du plus fort... »

 Dans cette fable encore, le Poète aurait pu écrire : « je me sers d'hommes pour instruire les animaux. » **La Fontaine a donc raison !**

L'Enfouisseur

Un Pince-maille avait tant amassé
Qu'il ne savait où loger sa finance.
L'avarice, compagne et sœur de l'ignorance,
Le rendait fort embarrassé
Dans le choix d'un dépositaire ;
Car il en voulait un, et voici sa raison.
L'objet tente ; il faudra que ce monceau s'altère,
Si je le laisse à la maison :
Moi-même de mon bien je serai le larron.
Le larron : quoi, jouir, c'est se voler soi-même !
Mon ami, j'ai pitié de ton erreur extrême ;
Apprends de moi cette leçon :
Le bien n'est bien qu'en tant que l'on s'en peut défaire.
Sans cela c'est un mal. Veux-tu le réserver
Pour un âge et des temps qui n'en ont plus que faire ?
La peine d'acquérir, le soin de conserver
Ôtent le prix à l'or, qu'on croit si nécessaire.
Pour se décharger d'un tel soin,
Notre homme eût pu trouver des gens sûrs au besoin ;
Il aima mieux la terre, et prenant son Compère,
Celui-ci l'aide. Ils vont enfouir le trésor.
Au bout de quelque temps, l'homme va voir son or :
Il ne retrouva que le gîte.

Soupçonnant à bon droit le Compère, il va vite
Lui dire : Apprêtez-vous ; car il me reste encor
Quelques deniers : je veux les joindre à l'autre masse.
Le Compère aussitôt va remettre en sa place
L'argent volé, prétendant bien
Tout reprendre à la fois sans qu'il y manquât rien.
Mais, pour ce coup, l'autre fut sage :
Il retint tout chez lui, résolu de jouir,
Plus n'entasser, plus n'enfouir
Et le pauvre voleur, ne trouvant plus son gage,
Pensa tomber de sa hauteur.
Il n'est pas malaisé de tromper un trompeur.

L'écureuil est-il avare ?

La très populaire Caisse d'épargne, si peu généreuse pourtant, continue à être le grand bas de laine national. Les Français, année après année, malgré un intérêt nettement inférieur à l'inflation, continuent à y amasser des fortunes en milliards qui font loucher les caisses chroniquement vides de Bercy. Autour de trente milliards de dépôts par an, il y a en effet de quoi faire tourner les têtes politiques ! Étonnamment, c'est l'écureuil et sa mémoire pourtant supposée défaillante qui a été choisi comme logo par cette glorieuse institution nationale.

Selon la rumeur, ce gracieux rongeur passe ses étés à collecter des noisettes, à les enfouir en prévision de l'hiver et… à oublier où il les a cachés. Drôle d'avare !

Il faut savoir que l'écureuil n'hiberne pas vraiment et qu'il s'adonne à une semi hibernation : il somnole à la mauvaise saison mais dès qu'un rayon de soleil, un léger réchauffement se manifeste, il gambade à nouveau dans et sous les arbres à la recherche de nourriture en général et en particulier des noisettes qu'il a dissimulées et que, contrairement à la légende, il retrouve presque toujours. L'écureuil en effet a une excellente mémoire topographique.

Pourtant, peut-être parce qu'ils ont lu La Fontaine, il existe deux sortes d'écureuils : les courageux, besogneux, actifs qui se démènent pour amasser des fortunes en noisettes, les enfouissant dans des endroits aussi discrets que possible. Et puis il y a les fourbes, fainéants, ceux qui épient sournoisement les bosseurs en train d'enfouir leurs récoltes et qui, dès que les premiers ont tourné le dos, se ruent pour dérober le trésor caché.

Et heureusement, comme il faut toujours une morale, les écureuils travailleurs et amasseurs repèrent les voleurs, les larrons en quelque sorte et, comme dans la fable, font semblant ostensiblement de cacher leurs noisettes, en réalité ne cachent rien, s'en vont et laissent les vilains s'escrimer à creuser pour rien. Encore une fois, la Nature est non seulement bien faite mais en plus obéit à une grande éthique.

C'est peut-être dans cette fable que La Fontaine a le plus raison.

Le Chêne

Le Chêne un jour dit au roseau :
Vous avez bien sujet d'accuser la Nature ;
Un Roitelet pour vous est un pesant fardeau.
Le moindre vent qui d'aventure
Fait rider la face de l'eau,
Vous oblige à baisser la tête :
Cependant que mon front, au Caucase pareil,
Non content d'arrêter les rayons du soleil,
Brave l'effort de la tempête.
Tout vous est aquilon ; tout me semble zéphir.
Encor si vous naissiez à l'abri du feuillage
Dont je couvre le voisinage,
Vous n'auriez pas tant à souffrir :
Je vous défendrais de l'orage ;
Mais vous naissez le plus souvent
Sur les humides bords des Royaumes du vent.

La Nature envers vous me semble bien injuste.
Votre compassion, lui répondit l'arbuste,
Part d'un bon naturel ; mais quittez ce souci.
Les vents me sont moins qu'à vous redoutables.
Je plie, et ne romps pas. Vous avez jusqu'ici
Contre leurs coups épouvantables
Résisté sans courber le dos ;
Mais attendons la fin. Comme il disait ces mots,
Du bout de l'horizon accourt avec furie
Le plus terrible des enfants
Que le Nord eût porté jusque-là dans ses flancs.
L'Arbre tient bon ; le Roseau plie.
Le vent redouble ses efforts,
Et fait si bien qu'il déracine
Celui de qui la tête au ciel était voisine,
Et dont les pieds touchaient à l'empire des morts.

La question posée par Jean de la Fontaine est des plus étranges puisqu'elle imagine la possibilité d'une véritable communication entre des plantes d'espèces différentes. Un chêne pourrait-il vraiment être capable de dialoguer avec un roseau ?

L'étude la plus étonnante à ce sujet concerne les acacias d'Afrique du Sud. Il se trouve que, dans ce pays, les élans du Cap sont des animaux qui sont élevés dans des enclos, exactement comme le sont nos vaches, mais sans les trains. Il se trouve qu'à l'intérieur de ces périmètres, se trouvent des arbres, des acacias plus précisément. Si d'aventure, les élans sont trop nombreux et broutent avec trop d'enthousiasme les épineux, risquant de les tuer, ceux-ci se mettent à secréter une substance volatile emportée par le vent et qui va informer les autres acacias qui vont se mettre à produire un produit toxique, ceci afin d'empêcher les animaux de continuer à les détruire.

Clairement, dans cet exemple, les plantes font preuve de solidarité et se protègent les unes les autres. Mais, me direz-vous, c'est facile puisque ce sont des végétaux qui appartiennent à la même espèce et qui donc parlent la même langue. La question posée par le poète reste donc entière et il nous faut découvrir si des plantes d'espèces différentes sont capables de dialoguer.

Pour trouver la réponse, il nous faut nous rendre dans une de nos belles forêts françaises ct, en partant du postulat d'une possibilité pour les arbres d'échanger des informations, de se demander quelles pourraient être leurs lignes téléphoniques. Des échanges de feuille à feuille paraissent peu probables puisque le vent couperait sans arrêt la connexion. Il faut donc chercher ailleurs. Or, chose incroyable, il s'avère que lorsqu'on regarde un grand chêne, par exemple, le volume représenté par ses racines représente au moins deux fois celui des branches et feuilles.

Sous terre, donc, le réseau racinaire de ces géants, même assez éloignés les uns des autres, s'interpénètrent, s'enchevêtrent, en un mot se touchent étroitement. Mais, me direz-vous encore – qu'est-ce que vous pouvez être têtu Ami lecteur –, où sont les prises qui permettent aux fils de se brancher vraiment ?

C'est Peter Wohlleben, dans son ouvrage *La vie secrète des arbres,* qui a inventé une formule à la fois imagée et exacte en parlant d'un « réseau internet de la forêt », constitué par un gigantesque réseau de tout petits champignons, nommés joliment *mycorhizes,* que l'on peut arriver à observer à l'œil nu en soulevant les feuilles mortes. Ce seraient eux les responsables du câblage souterrain de la forêt en formant un réseau phénoménal, un véritable *web* que d'ailleurs les botanistes, dont la créativité est sans égal, ont nommé le *wood-wide web*, par analogie avec le *world-wide web*. En effets, ces créatures sont constituées de très longs fils nommés mycéliums qui forment une trame ressemblant à la glie qui enveloppe notre cerveau, la nourrit et émet un certain nombre de signaux. Les arbres et les champignons sont en complète symbiose et ne pourraient pas vivre les uns sans les autres.

Ils échangent d'une part des matières organiques et des minéraux, mais d'autre part se fournissent de l'eau indispensable aux champignons, un peu comme pour le lichen. Ces échanges ne sont pas anecdotiques puisque 30 à 40 % des minéraux captés par le réseau mycélien sont rétrocédés à la racine, tandis que celle-ci apporte 20 à 40 % des glucides photo-synthétisés au champignon[22].

Non seulement les arbres ont de la mémoire, mais leurs stratégies de défenses (cf. acacias vus plus haut) et d'adaptation sont stupéfiantes. Tous ensemble arrivent à se protéger efficacement. Ainsi, lorsque des chenilles attaquent un hêtre ou qu'un chevreuil déguste les bourgeons d'un frêne, celui-ci émet des signaux d'alerte qui circulent des feuilles aux branches, des branches aux troncs, des troncs aux racines et des racines aux racines via les champignons. La différence avec nos nerfs est qu'ils sont beaucoup plus lents – comme la glie –, le cri d'alarme progressant d'environ un centimètre par minute. Le résultat est que les autres arbres environnant celui qui est attaqué vont fabriquer par exemple un tanin amer que les chenilles comme les chevreuils, fins gourmets, n'apprécient pas.

Le plus incroyable est le réseau d'entraide entre végétaux : si un arbre tombe malade, son voisin en forme va partager avec lui sa nourriture (nutriments) et poursuivre cette sorte de perfusion jusqu'à sa guérison.

Idem pour les bébés arbres qui dans le sous-bois ne reçoivent pas assez de lumière pour effectuer efficacement de la photosynthèse et sont donc maternés presque au biberon par les grands voisins toujours grâce aux hyphes[23] des champignons. Enfin, et ce n'est pas la moindre de leurs capacités, ils laissent une sorte de testament avant de mourir en transmettent les nutriments qu'ils ont emmagasinés à leurs voisins.

Pourtant, dans cet univers idyllique, on peut trouver un peu d'égoïsme : les « arbres-mères » nourrissent exclusivement leur progéniture, à savoir ceux qui sont issus de leurs propres graines, jusqu'à ce qu'ils puissent les remplacer. Le hêtre s'avérerait même capable d'identifier les bébés qui ont le même ADN que lui. Ses propres bébés !

De même, il est capable de distinguer les autres arbres de son espèce et les étrangers. Pourtant, loin de se montrer xénophobe, il échange des informations et de la nourriture avec les autres espèces d'arbres. Par exemple, le sapin de Douglas vit en harmonie avec le bouleau : quand, à la mauvaise saison, ce dernier n'a plus de feuilles, les nutriments lui sont prêtés par le conifère qui les lui rend à la belle saison quand son feuillage abondant lui permet d'en synthétiser en pagaille.

Certes, cette manière de dire les choses est par trop anthropomorphique et fera hurler les botanistes scientifiques, et ils auront raison. Néanmoins, ce genre de phénomène existe.

C'est pour toutes ces raisons que lorsque je discute avec des personnes végan et de leur refus de boire du lait ou de consommer des œufs non fécondés au nom du respect du libre arbitre des animaux et de leur absence de consentement pour qu'on les traie ou qu'on leur prélève leur ponte, je ne peux pas m'empêcher de les « cuisiner » sur deux points :

— Sont-ils conscients que chaque seconde ils détruisent des milliers de vie de bactéries en les phagocytant joyeusement avec leurs méchants globules blancs ? Et que dire dans ces conditions des antibiotiques ?

Devraient-ils continuer à se laver les mains avec du savon ou, pire, avec du soluté hydroalcoolique puisque cela détruit leur microbiote cutané ?

— Que font-ils de la sensibilité des plantes communicantes ? Pensent-ils au cri de la carotte au moment où on l'ébouillante ? Au vacarme ultrasonique de la pelouse stressée au moment de la tonte ?

À ce jour je n'ai pas eu de réponse de leur part.

En revanche, La Fontaine a raison : les plantes sont capables de dialoguer entre espèces différentes.

Les Lunettes

[...] Jadis s'était introduit un blondin
Chez des nonnains à titre de fillette.
Il n'avait pas quinze ans que tout ne fût :
Dont le galant passa pour sœur Colette
Auparavant que la barbe lui crût.
Cet entre-temps ne fut sans fruit ;
Le sire L'employa bien : Agnès en profita.
Las quel profit ! j'eusse mieux fait de dire
Qu'à sœur Agnès malheur en arriva.
Il lui fallut élargir sa ceinture ;
Puis mettre au jour petite créature,
Qui ressemblait comme deux gouttes d'eau,
Ce dit l'histoire, à la sœur jouvenceau.
Voilà scandale et bruit dans l'abbaye.
D'où cet enfant est-il plu ? comme a-t-on,
Disaient les sœurs en riant, je vous prie,
Trouvé céans ce petit champignon
Si ne s'est-il après tout fait lui-même.
La prieure est en un courroux extrême.
Avoir ainsi souillé cette maison !
Bientôt on mit l'accouchée en prison.
Puis il fallut faire enquête du père.
Comment est-il entré? comment sorti ?
Les murs sont hauts, antique la tourière,
Double la grille, et le tour très petit.

Serait-ce point quelque garçon en fille
Dit la prieure, et parmi nos brebis
N'aurions-nous point sous de trompeurs habits
Un jeune loup ? Sus qu'on se déshabille :
Je veux savoir la vérité du cas.
Qui fut bien pris, ce fut la feinte ouaille.
Plus son esprit à songer se travaille,
Moins il espère échapper d'un tel pas.
Nécessite mère de stratagème
Lui fit. . . eh bien ? lui fit en ce moment lier.
Eh quoi ? foin, je suis court moi-même :
Ou prendre un mot qui dise honnêtement
Ce que lia le père de l'enfant ?
Comment trouver un détour suffisant
Pour cet endroit ? Vous avez ouï dire
Qu'au temps jadis le genre humain avait
Fenêtre au corps ; de sorte qu'on pouvait
Dans le dedans tout à son aise lire ;
Chose commode aux médecins d'alors.
Mais si d'avoir une fenêtre au corps
Était utile, une au cœur au contraire
Ne l'était pas ; dans les femmes surtout
Car le moyen qu'on pût venir à bout
De rien cacher ? Notre commune mère

Les Lunettes (suite)

Dame Nature y pourvut sagement
Par deux lacets de pareille mesure.
L'homme et la femme eurent également
De quoi fermer une telle ouverture.
La femme fut lacée un peu trop dru.
Ce fut sa faute, elle-même en fut cause ;
N'étant jamais à son gré trop bien close.
L'homme au rebours ; et le bout du tissu
Rendit en lui la Nature perplexe.
Bref le lacet à l'un et l'autre sexe
Ne put cadrer, et se trouva, dit-on,
Aux femmes court, aux hommes un peu long.
Il est facile à présent qu'on devine
Ce que lia notre jeune imprudent ;
C'est ce surplus, ce reste de machine,
Bout de lacet aux hommes excédant.
D'un brin de fil il l'attacha de sorte
Que tout semblait aussi plat qu'aux nonnains :
mais fil ou soie, il n'est bride assez forte
Pour contenir ce que bientôt
Je crains qui ne s'échappe ; amenez-moi des saints ;
Amenez-moi si vous voulez des anges
Je les tiendrai créatures étranges,
Si vingt nonnains telles qu'on les vit lors
Ne font trouver à leur esprit un corps.

J'entends nonnains ayant tous les trésors
De ces trois sœurs dont la fille de l'onde
Se fait servir; chiches et fiers appas,
Que le soleil ne voit qu'au nouveau monde,
Car celui-ci ne les lui montre pas.
La prieure a sur son nez des lunettes,
Pour ne juger du cas légèrement.
Tout à l'entour sont debout vingt nonnettes,
En un habit que vraisemblablement
N'avaient pas fait les tailleurs du couvent.
Figurez-vous la question qu'au sire
On donna lors ; besoin n'est de le dire.
Touffes de lis, proportion du corps,
Secrets appas, embonpoint, et peau fine,
Fermes tétons, et semblables ressorts
Eurent bientôt fait jouer la machine.
Elle échappa, rompit le fil d'un coup,
Comme un coursier qui romprait son licou,
Et sauta droit au nez de la prieure,
Faisant voler lunettes tout à l'heure
Jusqu'au plancher.
II s'en fallut bien peu
Que l'on ne vît tomber la lunetière. [...]

La question posée par La Fontaine dans ce conte est assez crue. Pourquoi l'homme, qui est un animal comme les autres, est-il incapable de maîtriser ses érections ?

Comment se fait-il que le jouvenceau confronté aux appas dévoilés des nonnes fût incapable de contenir son émoi alors que parfois, au moment suprême, la machinerie virile fasse le coup de la panne survient tout au rebours du désir de son propriétaire. Cette consternante réalité physiologique nous ramène droit chez saint Augustin, le seul à ma connaissance à avoir proposé une explication canonique à ce triste phénomène.

Tout vient du péché originel, selon l'évêque d'Hippone en Numidie. Avant cela, Adam et Ève nus dans leur natureté s'ébattaient selon leurs désirs dans le jardin extraordinaire. À cette époque bénie, l'homme était maître de tous ses muscles. Je dis bien tous ; au risque de passer pour vulgaire et puisqu'il faut bien appeler un chat un chat et Rollet un fripon, Adam pouvait bander sur commande et rester au repos quand bon lui semblait.

Mais reprenons l'histoire revisitée par Augustin. L'anecdote fort croustillante se déroule en 370 à Alger, alors que le jeune adolescent prénommé Augustin est aux bains avec son père. Tout le monde est dans le plus simple appareil et... ce qui devait arriver arriva, une incontrôlable érection frappe le garçon qui ne sait plus où se mettre... ce qui, on s'en doute, amuse beaucoup son père qui forcément connaissait la chanson de Georgius Brassensus : « la bandaison, papa, ne se commande pas ». Un peu plus tard, le futur père de l'Église mène une vie de débauche au grand désespoir de sa bigote de mère, la future sainte Monique. Par la suite, il s'est mis en ménage avec une femme à qui il fit un enfant. Leur concubinage dura 15 ans. À ce moment, il est manichéen avant de se convertir au christianisme, la religion la plus dynamique de l'époque.

Repensant à sa mésaventure aux bains d'Alger, il se pose la question en termes théologiques : d'où me vient cette incapacité à maîtriser ma chair ? Enfin, Euréka, la solution lui apparaît : c'est la faute d'Ève, la première pécheresse, à l'origine du peccatum originale qui va se transmettre au fil des générations et auquel seule la vierge Marie va échapper grâce à l'Immaculée Conception.

Nous sommes donc tous des pécheurs voués à l'enfer, sauf si nous expions cette faute par la contrition et la souffrance. D'où la tendance masochiste de tant de saints qui à l'image de Louis IX portait le cilice et se faisait fouetter en secret par son confesseur. Cette doctrine étrange devint très vite un dogme jamais remis en question par le Vatican, alors qu'elle contredit formellement les Écritures où il est dit à maintes reprises et de manière explicite que les enfants n'ont pas à répondre des fautes de leurs parents.

Quant à la femme sa punition est de type obstétrical : « Tu enfanteras dans la douleur », et celle de l'homme concerne le droit du travail : « Tu gagneras ton pain à la sueur de ton front ». Enfin, les deux perdent à la fois l'immortalité et l'innocence, et découvrent la pudeur, voire la pudibonderie... d'où les fameuses feuilles de vigne ! Quand même un peu dur pour une simple pomme !

À ma connaissance, la dysfonction érectile, appellation scientifiquement correcte de l'impuissance, n'existe pas chez l'animal sauvage et à ma connaissance, pour un mâle de n'importe quelle espèce, il suffit de l'apparition d'une femelle en œstrus pour déclencher automatiquement un comportement reproductif, d'où la difficulté de trouver des modèles animaux pour tester des médicaments type Viagra. C'est sans doute pour cette raison que La Fontaine n'a pas écrit de fable mettant en scène des animaux confrontés à cette question. Du moins c'est ce que je suppose, n'ayant malheureusement pas la possibilité de lui poser la question de manière posthume.

La Fontaine, docteur ès érection, a évidemment raison, et nous les mecs, espèce animale, pouvons tous en témoigner !

TOTAL DES TESTS

Arrivé à la fin de cet ouvrage, véritable test des connaissances éthologiques de Jean de la Fontaine, il convient de faire les contes, pardon, les comptes.

Fables où il a raison :	**17**
Fables où il n'a pas raison :	**6**
Fables où il a raison et tort à la fois :	**12**

Total : Si on considère que les 12 fois où il a à la fois tort et raison sont neutres, il reste que le poète a raison 17 fois sur 23.

Sa note serait de 14,78/20 arrondi à : **15/20**

L'étudiant La Fontaine a réussi son examen d'éthologie avec la mention bien.

NOTES

1- Il existe bien des philanthropes, c'est-à-dire des humains qui aiment les autres humains... pourquoi n'existerait-il pas des myrmé cophiles, c'est-à-dire des fourmis qui aiment les autres fourmis ?
2- La chitine est la peau des insectes.
3- Selon Lacan, l'*infans* désigne le bébé qui n'a pas encore accès à laparole, alors qu'en droit c'est un enfant qui n'a pas encore atteint l'âge de raison.
4- Selon le bon mot de Jacques Lacan.
5- Sociologue et philosophe, professeur émérite à Paris I.
6- Je suis pleinement conscient des risques certains que je prends en écrivant ces lignes...
7- « J'étais arrivé à ce point d'émotion où se rencontrent les sensations célestes données par les Beaux-Arts et les sentiments passionnés. En sortant de *Santa Croce*, j'avais un battement de coeur, la vie était épuisée chez moi, je marchais avec la crainte de tomber. » Qui mieux que Stendhal soi-même pourrait décrire ce malaise psychosomatique provoqué par la Beauté ?
8- Müller J.J.A. *et al.*, « Ravens remember the nature of a single reciprocal interaction sequence over 2 days and even after a month ». *Animal Behaviour* 2017 ; vol. 128 : 69-78.
9- TFI info.
10- Sans parler des chats bien entendu !
11- Femelle du dauphin bien sûr !
12- Femelle du lézard bien sûr !
13- Appelé parthénogénèse.
14- La principale source de ce chapitre : Lucia S. Le temps. *Comment les animaux perçoivent la mort*, 2010.
15- Nahm, M., & Greyson, B. (2009). « Terminal Lucidity in Patientswith Chronic Schizophrenia and Dementia : A Survey of the Literature ». *The Journal of Nervous and Mental Disease*, 197(12), 942- 944.
16- Schubert, 1814, p. 146.
17- J'ai moi-même dégusté des mygales à la sauce rouge piquante au « Carrefour de l'araignée », près de Phnom-Penh, au Cambodge. C'est tout à fait acceptable et même savoureuxsurtout si vous prenez soin de choisir une femelle avec ses œufs.
18- Ce qui revient exactement au même dans l'esprit de l'auteur.
19- Rassurez-vous, ami lecteur, bien que psychiatre, je ne suis pas fou au point de me prendre pour le grand Alphonse (de Lamartine) dans ses *Harmonies poétiques et religieuses*.
20- Je n'ai réussi à trouver qu'une seule ethnie, en Chine, où l'organisation est matriarchique. In *Et la fidélité, bordel*. Albin Michel 2023.
21- Si vous ne me croyez pas, regardez une vidéo sur Internet... ou allez dans un zoo.
22- Sophie Le Masne. *Ecotree ?* 18/9.2020 (Internet)
23- Filament constitutif du mycélium des champignons supérieurs et des lichens.

OUVRAGES RÉCENTS DE L'AUTEUR

– *Remettez vos pendules à l'heure ! Allez mieux grâce à la chronobiologie,* éd. In Press. « Coll. Questions de patients », 2018.
– *Vingt mille lieux sous les rêves. Neurosciences et chamanisme,* éd. *Robert Laffont,* 2018.
– *Histoire de la folie avant la psychiatrie,* en collaboration avec Boris Cyrulnik, éd. Odile Jacob, 2018.
– *La Santé psychique de ceux qui ont fait le monde,* éd. Odile Jacob, 2019.
– *Apprendre à dormir. Une approche scientifique antisomnifères, HumenSciences,* 2020.
– *Docteur, j'ai mal à mon sommeil. Pour dormir naturellement,* Odile Jacob, 2021.
– *Éloge de l'ennui. Une brève histoire de nous,* Le Relié, 2021.
– *Médecines douces pour temps durs,* Buchet/Chastel, 2021.
– *La Santé psychique des génies. Génies du bien, génies du mal, quelles différences ?,* Odile Jacob, 2022.
Et la fidélité, bordel ?, éd. Albin Michel, 2023.
Pour une nouvelle psychiatrie. Propositions, en collaboration avec Boris Cyrulnik, éd. Odile Jacob, 2023.
– *Le Citron cet imposteur– Et autre fake news sur la vitamine C,* HumenSciences, 2023.
– *À quoi servent les symptomes ?,* éd. Odile Jacob, 2024.

TABLE DES MATIÈRES

TABLE DES MATIÈRES

LES LIVRES
AUX ÉDITIONS DU RELIÉ

Collection Poche

Aitken Robert, *Agir zen, une morale vivante*
Amar Yvan, *La Pensée comme voie d'éveil – Les Nourritures silencieuses – La Conscience corporelle – L'Obligation de conscience*
Ansa Luis, *Le Quatrième Royaume*
Balsekar Ramesh S., *Les Orients de l'être – L'Appel de l'être – Laisser la vie être*
Bannwarth Pierre-Olivier, *Les Contes de la ruche*
Baret Éric, *Le Yoga tantrique du Cachemire*
Beltzung Alain, *Le Traité du regard*
Bouchart d'Orval Jean, *Patañjali et les Yogas sûtras – Héraclite*
Buisset Ariane, *Le Maître de la laque*
Chandra Swami, *Instructions spontanées*
Castermane Jacques, *Comment peut-on être zen ?*
Chytelman Paul, *Le Courage d'espérer*
Cognard André, *Vivre sans ennemi*
Cohen Andrew, *L'Éveil est un secret – Embrasser le ciel et la terre*
Collectif, *L'Art de méditer et d'agir*
Dalaï-Lama et Fabien Ouaki, *Notre vie est à nous*
De Souzenelle Annick, *Pour une mutation intérieure*
Desjardins Arnaud, *Conseils à une jeune femme*
De Smedt Evelyne et Mollet Catherine, *Les Patriarches du zen*
Ram Dass, *Vieillir en pleine conscience*
Édelmann Éric, *Plus on est de sages, plus on rit* (contes) – *Mangalam, un parcours auprès d'Arnaud Desjardins*

Farcet Gilles, *Manuel de l'anti-sagesse*
Guesné Jeanne, *Le Septième Sens, le corps spirituel*
Gougaud Henri, *Petits contes de sagesse pour temps perturbés*
Jourdan Michel, *La Maison sur la montagne*
Jodorowsky Alejandro, *Le Dieu intérieur*
Kelen Jacqueline, *Les Sept Visages de Marie-Madeleine – Les Femmes de la Bible*
Klein Jean, *Transmettre la lumière – Qui suis-je ?*
Lama Denys Teundroup, *Le Dharma et la Vie – L'Entraînement de l'Esprit*
Leloup Jean-Yves, *Les Profondeurs oubliées du christianisme – L'élégance du soi*
Long Barry, *Seule meurt la peur – Intuitions sur l'origine*
Low Albert, *Créer la conscience*
Lozowick Lee, *L'Alchimie de l'amour et de la sexualité – Pour une éducation consciente – L'Alchimie du réel*
Markale Jean, *Amours celtes : sexe et magie*
Mercier Mario, *L'Enseignement de l'arbre maître*
Moacanin Radmilla, *C. G. Jung et la Sagesse tibétaine*
Muller Jean-Marie, *Dictionnaire de la non-violence – Désarmer les dieux – Le Courage de la non-violence*
Nadeen Satyam, *De la prison à l'éveil*
Manzur Gregorio, *Le souffle du Chi*
Odier Daniel, *Le Grand Sommeil des éveillés – L'Incendie du cœur*
Osho, *L'Évangile de Thomas – Un art de vivre et de mourir*
Panikkar Raimon, *L'Inévitable Dialogue : Dieu, Yahweh, Allah, Bouddha*
Poonja H.W.L, *Réveillez-vous et rugissez !*
Richard Moss, *Paroles des deux mondes*
Skali Faouzi, *Le Face à face des cœurs*

Saint Bonnet Georges, *La Joie vous appartient*
Taisen Deshimaru, *L'Anneau de la voie*
Vigne Jacques, *L'Inde intérieure*
Z'ev ben Shimon Halevi, *L'Arbre de vie, selon la Cabale*

Collection Les grands formats

Allais Danielle et Claude, *Retrouver la force de l'amour*
Amar Yvan, *Les Béatitudes – L'Alchimie de l'homme – Faire Dieu*
Amar Nadège, *Cheminer avec la méditation*
Ansa Luis (romans), *La Nuit des chamans – Le Mystère du Nagual – Les Contes de l'aigle.*
Ansa Luis par Robert Eymeri : *La Voie du sentir*
Atlani Didier : *L'Arbre de la connaissance et ses cartes,* (coffret)
Bernabeu Yves, *Le Monastère planétaire*
Bentounès Cheikh, *Vivre l'Islam*
Billot Benoît, *Comment peut-on être chrétien ?*
Blain Dominique, *Etty Hillesum*
Bovay Michel, *Deshimaru, histoires vécues avec un maître zen*
Calmé Nathalie, *Aventurières de l'esprit*
Carrière Jean, *Gracq ou les reflets du rivage*
Castermane Jacques, *La Sagesse exercée*
Chandra Swami, *Le Chant du silence,* T. 1 – *En quête de Dieu,* t. 2
Chytelman Paul, *Le Courage d'espérer*
Cianni Jean-Louis, *Ulysse et nous*
Cianni Jean-Louis, *Socrate, médecin pour temps de crises et catastrophes*
Cicognani Patrick, *Vivre en terre indienne*
Collectif d'auteurs, *La Transmission spirituelle*
Collectif d'auteurs, *Être heureux et créer du bonheur*
Collectif d'auteurs, *Karlfried Graf Durckheim*

Conty, Patrick, *La géométrie du labyrinthe*
Coupey Philippe, *Zen d'aujourd'hui*
Davy Marie-Madeleine, *Les Chemins de la profondeur*
Dechance J. et Grande M., *Sans amour qui serions-nous ?*
Delourme Alain, *La conscience élargie et sa source*
Desjardins, Emmanuel, *Vivre : la guérison spirituelle selon Swâmi Prajnânpad*
Desjardins Véronique, *Porte donnant sur la voie*
Desjardins Véronique, *Dans l'intime d'un chemin*
Ducrocq Anne, *Changer le monde en se transformant*
Durel Alain, *Vipassana*
Durel Alain, *Anapanasati, Conscience et respiration*
Farcet Gilles, *Une boussole dans le brouillard – Allen Ginsberg, poète et bodhisattva beat – La Transmission selon Arnaud Desjardins – Sur la route spirituelle*
Edelmann Éric et Sophie, *Dites-leur de viser haut !*
Edelmann Éric, *La splendeur du réel*
Filliozat Anne-Marie /Guash Gérard, *Aide toi, ton corps t'aidera – Avec des petits riens, je peux changer ma vie*
Flogny Colette, *Rencontre avec la vie*
Freeman Laurence, *Lettres sur la méditation*
Gaudin Christian et Roland Rech, *Accompagner la fin de vie zen* (dessins et textes)
Goldsmith Joël S., *La Voie infinie*
Gougaud Henri, Kalawaya, *Churla, chamane bolivienne*
Grosser Dick, *Le Bouddha à quatre pattes*
Grosrey Alain, *L'empire numérique et sa mytique*
Guo Jun, *Au cœur du bouddhisme chan*
Inandiak Élisabeth D., *Les Chants de l'île à dormir debout*
Jodorowsky Alejandro, *Le Chant du Tarot – Contes paniques – À l'ombre du Yi Jing – 365 Tweets d'amour – Un Évangile pour Guérir/ Le Dieu intérieur*

Jourdain Stephen, *Une promptitude céleste – Una : un amour philosophal*
Kelen Jacqueline, *Le Manteau de magnificence*
Kempf Juliette et Abdel Hafid Benchouk, *Au seuil de l'aube, un cheminement soufi*
Krishnamurti, *L'Aventure de l'éveil*
Laghrari Reem Yasmina, *Les Prophètes*
Leblanc-Halmos Bernard, *Le couple par les temps qui courent...*
Le Chenic Martine, *L'art subversif et sacré du yoga*
Leloup Jean-Yves, *Un art de l'attention*
Lemoine Patrick, *Éloge de l'ennui – La Tortue court plus vite que le lièvre, etc., Jean de la Fontaine a-t-il raison ?*
Leong S. Kenneth, *Une lecture zen des Évangiles*
Levy Patrick, *La Ruse de Dieu – Sadhûs – Qui est sage ?, des contes antidotes au fanatisme*
Lipsey Roger, *Gurdjieff, un regard nouveau*
Low Albert, *Se connaître c'est s'oublier*
Lozowick Lee, *Éloge de la folle sagesse*
Mandala Patrick, *Réfléchir sur le cœur des choses,* avec Gilles Farcet, Jean-Yves Leloup, Dr Jacques Vigne
Ma Ananda Mayi, *Retrouver la joie*
Marchal Jean Dr, *L'Apocalypse de Jean*
Marro André, *L'incroyable sagesse du grand âge – Transe, les secrets*
Masson Sékiné Nourit, *Le Courage de vivre pour mourir*
Mesnage Colette, *Éloge d'une vieillesse heureuse*
Mercier Mario, *Voyage au cœur de la force*
Moss Richard, *Le Mandala de l'être*
Muller Jean-Marie, *Entrer dans l'âge de la non-violence*
Neveux Brigitte-Anne, *Yoga enfants*
Odier Daniel, *Ch'an et Zen*
Raizer Sébastien, *La caverne aux chauves-souris sous la montagne noire*

Raphael, *Le Feu de la réalisation*
Roger Marie-Sabine (roman), *Le Ciel est immense*
Roumanoff Colette, *L'impermanence heureuse*
Rougier Stan, *L'Amour comme un défi*
Salomé Jacques, *Manuel de survie dans le monde du travail – L'enfant Bouddha* (conte, dessins de Cosey)
Sawaki Kodo, *Un zen vagabond*
Senzaki Nyogen, *La Flûte de fer*
Simon Danièle, *Corps aligné - Corps vivant*
Skali Faouzi, *Le Souvenir de l'être profond*
Shaykh al-Dabbâgh, *Paroles d'or*
Smedt Marc de, *Gordes, histoires légendaires et labyrinthiques*
Sœur catherine, *Récits d'une ermite de montagne*
Sœur catherine, *La joie du réel*
Souzenelle Annick de, *Le Grand Retournement*
Souzenelle Annick de, *Méditation sur la mort*
Thibaut Kosen, *Les Cinq Degrés de l'éveil*
Trungpa Chôgyam, *Enseignements secrets*
Turlur Pierre, *Trois maîtres zen*
Van Eersel Patrice, *Tisseurs de paix*
Vergely Bertrand, *Voyage en haute connaissance*
Vigne Jacques, *Commentaires sur la méditation avec Tenzin Palmo – Ouvrir nos canaux d'énergie par la méditation – Le Mariage intérieur – Pratique de la méditation laique – Guérir l'anxiété – La Faim du Vide : réflexions sur l'anorexie et la spiritualité*
Vigneron Gérard, *Un médecin face à l'invisible – Se Guérir – Renaître*
Virelaude Monique, *Comment vaincre la peur*
Wallace Alan B., La force de *l'attention*
Wang-Genh Olivier, *C'est encore loin l'éveil ?*
Wolff Franklin Merrel, *Expérience et Philosophie – Une expérience spirituelle : philosophie de la conscience*

Collection semi-Poche

Aimé Michel, *Transfiguration : les phénomènes du mysticisme*
Castermane Jacques, *La Sagesse exercée*
De Souzenelle Annick et Albrecht Pierre-Yves, *L'Initiation*
During Jean, *L'Âme des sons*
Édelmann Éric, *Jésus parlait araméen*
Giuliani Bruno, *L'Amour de la sagesse*
Gu Meisheng, *Le Chemin du souffle*
Jourdan Michel, *Vivre en solitude*
Leloup Jean-Yves, *Faire la paix – Marie Madeleine à la Sainte-Baume – Le Paradoxe chrétien*
Levy Patrick, *Le Kabbaliste*
Muller Jean-Marie, *La violence juste n'existe pas*
Osho, *La Voie de l'Amour*
Rabhi Pierre, *Ce que nous dit la nature*
Rech Roland Yuno, *Manuel de méditation zen – Le Champ de la vacuité – L'Illumination silencieuse*
Rodière Marie-Jeanne, *Construire sa voix*
Salomé Jacques, *Et si nous inventions notre vie ?*
Stan Rougier, *La Passion de la rencontre*
Van Eersel Patrice, entretiens, *À la recherche de la vie intérieure* – Collectif sous la direction de Patrice van Eersel : *L'avenir est à la tendresse* avec Marie de Hennezel, Jacques Salomé, Boris Cyrulnik, Christiane Singer, Guy Corneau...
Vigne Jacques, *le Maître et le Thérapeute*
Thicht Nat Hanh, *Jésus et Boudha sont des fréres*

Collection Livres + CD audio

Desjardins Arnaud, *Réponses pour le présent.*
De Smedt Marc, *Retrouver l'esprit de la méditation*
De Souzenelle Annick, *Nous sommes coupés en deux*
Gougaud Henri, *Renaître par les contes*
Alejandro Jodorowsky, *La Vie est un conte*
Kelen Jacqueline, *Le Provisoire et L'éternel*
Leloup Jean-Yves, *Qui est «Je suis» ?*
Leloup Jean-Yves, *Requiem* + CD de Jean-Paul Dessy
Rabhi Pierre, *Conscience et Environnement*
Rech Roland Yuno, *Sûtras* + CD Sûtras
Vergely Bertrand, *La Foi, une nostalgie de l'admirable*

Les albums illustrés

De Smedt Marc, illustrations de Stephan Daigle, *Talhuic, l'apprentissage d'un jeune chamane :* un conte initiatique – *Gordes, Histoires légendaires et labyrinthiques*
Leloup Jean-Yves, illustrations de Claire Kito, *La Vie de Jésus racontée par un arbre.*
Odier Daniel, illustrations d'Annouchka Gravel Galouchko, *Lettre à Éléonore,* une enfant pose huit questions essentielles sur la vie.
Rech Roland, illustrations de Christian Gaudin, *Accompagner la fin de vie : Zen.*
Salomé Jacques, illustrations de Cosey, *L'Enfant Bouddha.*

Achevé d'imprimer en mai 2024
sur les presses de la Nouvelle Imprimerie Laballery
58500 Clamecy
Dépôt légal : mai 2024
Numéro d'impression : 405124

Imprimé en France

La Nouvelle Imprimerie Laballery est titulaire de la marque Imprim'Vert®